安博文化
策划工作室

高处作业安全

必知 **30** 条

中国劳动社会保障出版社

图书在版编目(CIP)数据

高处作业安全必知30条/《岗位安全操作守则图解丛书》编委会编. —北京：中国劳动社会保障出版社，2014

（岗位安全操作守则图解丛书）

ISBN 978-7-5167-0903-0

Ⅰ.①高… Ⅱ.①岗… Ⅲ.①高空作业-安全技术-图解 Ⅳ.①TU744-64

中国版本图书馆CIP数据核字(2014)第029761号

中国劳动社会保障出版社出版发行

（北京市惠新东街1号　邮政编码：100029）

＊

北京市艺辉印刷有限公司印刷装订　新华书店经销

850毫米×1168毫米　32开本　4.625印张　104千字

2014年3月第1版　2019年12月第3次印刷

定价：18.00元

读者服务部电话：(010) 64929211/84209101/64921644

营销中心电话：(010) 64962347

出版社网址：http://www.class.com.cn

版权专有　　侵权必究

如有印装差错，请与本社联系调换：(010) 81211666

我社将与版权执法机关配合，大力打击盗印、销售和使用盗版图书活动，敬请广大读者协助举报，经查实将给予举报者奖励。

举报电话：(010) 64954652

丛书编委会

时　文　　郭　海　　蒋　巍　　邢　磊　　秦　伟　　徐孟环

秦荣中　　高东旭　　王一波　　梁亚辉　　白　杰　　葛楠楠

刘冰冰　　李中武　　朱子博　　高　岱　　韩学俊　　刘　雷

李文峰　　王素影　　皮宗其　　高爱芝

当前我国安全生产总体形势有所好转，但是距离发达国家仍有较大差距，每年发生的伤亡事故仍然较多，特大、重大安全生产事故起数仍居高不下，给国家、企业和职工的生命财产造成较大的损失。近年来，大量的农民工涌入城市，进入工业企业，走上危险性相对较高的岗位工作，却得不到基本的安全生产教育培训，更使得在中小企业中安全生产事故有高发的趋势。

我国多年的生产伤亡事故统计分析表明，在生产中的大量安全生产事故是可以避免的，而这些可以避免的事故中多数是由于人为操作错误造成的。因此，要彻底实现安全生产形势好转，加强职工安全生产基础知识与技能的教育培训是根本。

为此，本丛书编委会特组织业内专家编写了"岗位安全操作守则图解丛书"，希望能向广大从业人员提供一系列实用规范、内容精练、浅显易懂、适合教学的安全生产教育培训图书，使他们通过学习，提高安全生产基本素质，掌握正确操作技术和方法，规范操作行为，养成良好的安全操作习惯，杜绝违章作业，避免和减少生产事故的发生。

本丛书第一批编写 12 种，包括《新工人安全必知 30 条》《焊工安全必知 30 条》《电工安全必知 30 条》《消防安全必知 30 条》《高处作业安全必知 30 条》《起重作业安全必知 30 条》《机加工安全操作必知 30 条》《车辆驾驶安全必知 30 条》《木工机械安全必知 30 条》《涂装作业安全必知 30 条》《个人防护安全必知 30 条》《应急救护必知 30 条》。丛书具有如下特点：

一、实用规范。丛书针对易发事故的工作岗位，结合事故发生的常见原因，精心总结从事本岗位工作必须掌握的 30 条基本安全操作守则，讲解相关知识与技能。从业人员只要严格遵守这些规定，在工作中不犯类似的错误，就可以有效避免伤害事故的发生。

二、内容精练。丛书对每一个知识点都进行了认真的提炼，去掉冗长的理论讲解，重点突出岗位安全实操技能与方法，便于从业人员将学习培训与一线工作紧密对照，排查实际工作存在的习惯性违章隐患，有针对性地采取防范措施。

三、图文并茂。丛书针对每条安全操作要点都插配了图画，版面表现形式直观、活泼，以做到寓教于乐，增强读者的阅读兴趣，加深知识理解。

本丛书在编写过程中，参阅并部分引用了相关资料与著作，在此对有关著作者和专家表示感谢。由于种种原因可能在书中还存有不当之处或错误，请广大读者不吝赐教，以便及时纠正。

目 录

Contents

第一条 特种作业人员必须持证上岗

高压架空线路检修作业现场。

是特种作业操作证的事吗？我们有啊！

特种作业操作证每3年复审1次！你们的证件已经到期了，需要培训、复审！

来了一位安全员，通知立即下来前往公司培训部参加安全培训。

知识培训

1. 特种作业和特种作业人员

特种作业，是指容易发生事故，对操作者本人、他人的安全健康及设备、设施的安全可能造成重大危害的作业。特种作业的范围由特种作业目录规定。

特种作业人员，是指直接从事特种作业的从业人员。

特种作业人员必须经专门的安全技术培训并考核合格，取得《中华人民共和国特种作业操作证》后，方可上岗作业。

2. 特种作业人员的条件

特种作业人员应当符合下列条件：

（1）年满 18 周岁，且不超过国家法定退休年龄。

（2）经社区或者县级以上医疗机构体检健康合格，并无妨碍从事相应特种作业的器质性心脏病、癫痫病、美尼尔氏症、眩晕症、癔症、震颤麻痹症、精神病、痴呆症以及其他疾病和生理缺陷。

（3）具有初中及以上文化程度。

（4）具备必要的安全技术知识与技能。

（5）相应特种作业规定的其他条件。

3. 特种作业人员培训

特种作业人员应当接受与其所从事的特种作业相应的安全技术理论培训和实际操作培训。

已经取得职业高中、技工学校及中专以上学历的毕业生从事与其所学专业相应的特种作业，持学历证明经考核发证机关同意，可以免予相关专业的培训。

跨省、自治区、直辖市从业的特种作业人员，可以在户籍所在地或者从业所在地参加培训。

4. 特种作业人员考核取证

(1) 特种作业人员的考核包括考试和审核两部分。考试由考核发证机关或其委托的单位负责；审核由考核发证机关负责。

(2) 参加特种作业操作资格考试的人员，应当填写考试申请表，由申请人或者申请人的用人单位持学历证明或者培训机构出具的培训证明向申请人户籍所在地或者从业所在地的考核发证机关或其委托的单位提出申请。

特种作业操作资格考试包括安全技术理论考试和实际操作考试两部分。考试不及格的，允许补考 1 次。经补考仍不及格的，重新参加相应的安全技术培训。

(3) 符合条件并经考试合格的特种作业人员，应当向其户籍所在地或者从业所在地的考核发证机关申请办理特种作业操作证，并提交身份证复印件、学历证书复印件、体检证明、考试合格证明等材料。

(4) 特种作业操作证有效期为 6 年，在全国范围内有效。

特种作业操作证由安全监管总局统一式样、标准及编号。

(5) 特种作业操作证遗失的，应当向原考核发证机关提出书面申请，经原考核发证机关审查同意后，予以补发。

特种作业操作证所记载的信息发生变化或者损毁的，应当向原考核发证机关提出书面申请，经原考核发证机关审查确认后，予以更换或者更新。

5. 复审

特种作业操作证每 3 年复审 1 次。

特种作业人员在特种作业操作证有效期内，连续从事本工种 10 年以上，严格遵守有关安全生产法律法规的，经原考核发证机关或者从业所在地考核发证机关同意，特种作业操作证的复审时间可以延长至每 6 年 1 次。

特种作业操作证需要复审的，应当在期满前 60 日内，由申请人或者申请人的用人单位向原考核发证机关或者从业所在地考核发证机关提出申请，并提交下列材料：

（1）社区或者县级以上医疗机构出具的健康证明。

（2）从事特种作业的情况。

（3）安全培训考试合格记录。

特种作业操作证有效期届满需要延期换证的，应当按照规定申请延期复审。

特种作业操作证申请复审或者延期复审前，特种作业人员应当参加必要的安全培训并考试合格。

法律法规

2010 年 4 月 26 日，《特种作业人员安全技术培训考核管理规定》经国家安全生产监督管理总局局长办公会议审议通过并公布，自 2010 年 7 月 1 日起施行。1999 年 7 月 12 日原国家经济贸易委员会发布的《特种作业人员安全技术培训考核管理办法》同时废止。

学习心得

第二条　高处作业属于法定的特种作业

三人正在准备进行一栋高楼的清洗工作。

我也同乘吊篮平台，可以随时帮助你们。

这样吧，你在下面警戒，同时监护我们作业！

不行，你还没有通过培训考核取得特种作业操作证，不能上去！

知识培训

1. 高处作业相关概念

（1）高处作业

在距坠落高度基准面2 m或2 m以上有可能坠落的高处进行的作业。

（2）坠落高度基准面

通过可能坠落范围内最低处的水平面。

（3）可能坠落范围

以作业位置为中心，可能坠落范围半径为半径画成的与水平面垂直的柱形空间。

（4）可能坠落范围半径

按相关标准规定数据确定。

（5）基础高度

以作业位置为中心，6 m为半径画出垂直于水平面的柱形空间，此柱形空间内的最低处与作业位置间的高度差。

（6）高处作业高度

作业区各作业位置至相应坠落高度基准面的垂直距离中的最大者。

2. 高处作业的分类

根据国家《特种作业目录》，高处作业可分类以下两大类。

（1）登高架设作业

登高架设作业一般是指在高处从事脚手架、跨越架架设或拆除的作业。

（2）高处安装、维护、拆除作业

高处安装、维护、拆除作业一般是指在高处从事安装、维护、拆除的作业。如利用专用设备进行建筑物内外装饰、清洁、装修，电力、电信等线路架设，高处管道架设，小型空调高处安装、维修，各种设备设施与户外广告设施的安装、检修、维护以及在高处从事建筑物、设备设施拆除作业。

规章制度

高处作业安全管理要求如下：

（1）高处作业的安全技术措施及其所需料具，必须列入工程的施工组织设计。

（2）单位工程施工负责人应对工程的高处作业安全技术负责并建立相应的责任制。

施工前，应逐级进行安全技术教育及交底，落实所有安全技术措施和人身防护用品，未经落实时不得进行施工。

（3）高处作业中的安全标志、工具、仪表、电气设施和各种设备，必须在施工前加以检查，确认其完好，方能投入使用。

（4）攀登和悬空高处作业人员及搭设高处作业安全设施的人员，必须经过专业技术培训及专业考试合格，持证上岗，并必须定期进行体格检查。

（5）施工中对高处作业的安全技术设施，发现有缺陷和隐患时，必须及时解决；危及人身安全时，必须停止作业。

（6）施工作业场所里有坠落可能的物件，应一律先行撤除或加以固定。

高处作业中所用的物料，均应堆放平稳，不妨碍通行和装卸。工具应随手放入工具袋；作业中的走道、通道板和登高用具，应随时清扫干净；拆卸下的物件及余料和废料均应及时清理运走，不得任意乱放或向下丢弃。传递物件禁止抛掷。

（7）雨天和雪天进行高处作业时，必须采取可靠的防滑、防寒和防冻措施。凡水、冰、霜、雪均应及时清除。

对进行高处作业的高耸建筑物，应事先设置避雷设施。遇有六级以上强风、浓雾等恶劣气候，不得进行露天攀登与悬空高处作业。暴风雪及台风暴雨后，应对高处作业安全设施逐一加以检查，发现有松动、变形、损坏或脱落等现象，应立即修理完善。

（8）因作业必需，临时拆除或变动安全防护设施时，必须经施工负责人同意，并采取相应的可靠措施，作业后应立即恢复。

（9）防护棚搭设与拆除时，应设警戒区，并应派专人监护。严禁上下同时拆除。

（10）高处作业安全设施的主要受力杆件，力学计算按一般结构力学公式，强度及挠度计算按现行有关规范进行，但钢受弯构件的强度计算不考虑塑性影响，构造上应符合现行的相应规范的要求。

⚖ **数据查询**

（1）按照高处作业分级标准，高处作业高度 h 分四段：2～5 m、5 m 以上至 15 m、15 m 以上至 30 m 及 30 m 以上。

（2）可能坠落半径 R：

当 2 m≤h≤5 m 时，$R=3$ m；

当 5 m$<h\leqslant$15 m 时，$R=$4 m；

当 15 m$<h\leqslant$30 m 时，$R=$5 m；

当 $h>$30 m 时，$R=$6 m。

⚖ 法律法规

《中华人民共和国安全生产法》（以下简称《安全生产法》）第二十三条规定：生产经营单位的特种作业人员必须按照国家有关规定经专门的安全作业培训，取得特种作业操作资格证书，方可上岗作业。

第八十二条规定：生产经营单位有下列行为之一的，责令限期改正；逾期未改正的，责令停产停业整顿，可以并处二万元以下的罚款：

（一）未按照规定设立安全生产管理机构或者配备安全生产管理人员的。

（二）危险物品的生产、经营、储存单位以及矿山、建筑施工单位的主要负责人和安全生产管理人员未按照规定经考核合格的。

（三）未按照本法第二十一条、第二十二条的规定对从业人员进行安全生产教育和培训，或者未按照本法第三十六条的规定如实告知从业人员有关的安全生产事项的。

（四）特种作业人员未按照规定经专门的安全作业培训并取得特种作业操作资格证书，上岗作业的。

学习心得

知识培训

1. 事故的直接原因

直接原因是在时间上最接近事故发生的原因，又称为一次原因，它可分为以下三类。

（1）物的原因

物的原因是指由于设备不良而引起事故，也称为物的不安全状态。所谓物的不安全状态，是指使事故能发生的不安全的物体条件或物质条件。

（2）环境原因

环境原因是指由于环境不良而引起事故。

（3）人的原因

人的原因是指由于人的不安全行为而引起事故。所谓人的不安全行为是指违反安全规则和安全操作原则，使事故有可能或有机会发生的行为。

在日常工作中，常常能看到人的不安全心理状态导致生产过程中的"三违"（违章指挥、违章作业、违反劳动纪律）行为，而"三违"行为极其容易造成事故的发生。

2. 事故的间接原因

（1）技术的原因

技术的原因包括：主要装置、机械、建筑的设计，建筑物竣工后的检查保养等技术方面不完善，机械装备的布置，工厂地面、室内照明以及通风，机械工具的设计和保养，危险场所的防护设备及警报设备，防护用具的维护和配备等所存在的技术缺陷。

（2）教育的原因

教育的原因包括：与安全有关的知识和经验不足，对作业过程中的危险性及其安全运行方法无知、轻视、不理解、训练不足，坏习惯及没有经验等。

（3）身体的原因

身体的原因包括：身体有缺陷或由于睡眠不足而疲劳、醉酒等。

（4）精神的原因

精神的原因包括：怠惰、反抗、不满等不良态度，焦躁、紧张、恐怖、不和等精神状况，偏狭、固执等性格缺陷。

（5）管理的原因

管理的原因包括：企业主要领导人对安全的责任心不强，作业标准不明确，缺乏检查保养制度，劳动组织不合理等。

规章制度

一般来说，凡是能够或可能导致事故发生的人为失误都属于不安全行为。《企业职工伤亡事故分类标准》中规定的 13 大类人的不安全行为有：

（1）操作错误，忽视安全，忽视警告：未经许可开动、关停、移动机器；开动、关停机器时未给信号；开关未锁紧，造成意外转动、通电或泄漏等；忘记关闭设备；忽视警告标志、警告信号；操作错误（指按钮、阀门、扳手、把柄等的操作）；奔跑作业；供料或送料速度过快；机械超速运转；违章驾驶机动车；酒后作业；客货混载；冲压机作业时，手伸进冲压模；工件紧固不牢；用压缩空气吹切屑；其他。

(2) 造成安全装置失效：拆除了安全装置；安全装置堵塞，失掉了作用；调整的错误造成安全装置失效；其他。

(3) 使用不安全设备：临时使用不牢固的设施；使用无安全装置的设备；其他。

(4) 手代替工具操作：用手代替手动工具；用手清除切屑；不用夹具固定、手拿工件进行机加工。

(5) 物体（指成品、半成品、材料、工具、切屑和生产用品等）存放不当。

(6) 冒险进入危险场所：冒险进入涵洞；接近漏料处（无安全设施）；采伐、集材、运材、装车时，未离危险区；未经安全监察人员允许进入油罐或井中；未"敲帮问顶"开始作业；冒进信号；调车场超速上下车；易燃易爆场合使用明火；私自搭乘矿车；在绞车道行走；未及时瞭望。

(7) 攀、坐不安全位置（如平台护栏、汽车挡板、吊车吊钩）。

(8) 在起吊物下作业、停留。

(9) 机器运转时进行加油、修理、检查、调整、焊接、清扫等工作。

(10) 有分散注意力的行为。

(11) 在必须使用个人防护用品用具的作业或场合中，忽视其使用：未戴护目镜或面罩；未戴防护手套；未穿安全鞋；未戴安全帽；未佩戴呼吸护具；未系安全带；未戴工作帽；其他。

(12) 不安全装束：在有旋转零部件的设备旁作业时穿

着过于肥大的服装；操纵带有旋转零部件的设备时戴手套；其他。

（13）对易燃、易爆等危险物品处理错误。

学习心得

_____

_____

_____

_____

_____

_____

_____

_____

_____

_____

_____

_____

_____

_____

_____

_____

_____

_____

知识培训

1. 安全检查

安全检查是指对生产过程及安全管理中可能存在的隐患、有害与危险因素、缺陷等进行查证，以确定隐患或有害与危险因素、缺陷的存在状态，以及它们转化为事故的条件，以便制定整改措施，消除隐患和有害与危险因素，确保生产安全。

安全检查是安全管理工作的重要内容，是消除隐患、防止事故发生、改善劳动条件的重要手段。通过安全检查可以发现生产经营单位生产过程中的危险因素，以便有计划地制定纠正措施，保证生产安全。

很多班组实行"一班三检"制，即班前、班中、班后进行安全检查，"班前查安全，思想添根弦；班中查安全，操作保平安；班后查安全，警钟鸣不断"。这句话充分说明了"一班三检"制的意义和重要性。"一班三检"检查的侧重点不同，班前检查的重点是对操作设备、工器具、防护装置、作业环境及个人防护用品穿戴的检查；班中检查的重点是对设备运行状况、作业环境危险因素的检查，并纠正违章行为；班后检查的重点是对工作现场的检查，不能给下一班留下隐患。实践证明，将"一班三检"制列为班组安全工作的重点，是预防和减少伤亡事故和各类灾害事故十分有效的方法。

2. 职业病防治

职业病是指企业、事业单位和个体经济组织（以下统称用人单位）的劳动者在职业活动中，因接触粉尘、放射性物质和其他有毒、有害物质等因素而引起的疾病。

一般一种疾病被认定为职业病应具备下列三个条件：该疾

病应与工作场所的职业性有害因素密切相关；所接触的有害因素的剂量（浓度或强度）无论过去或现在，都足以导致疾病的发生；必须区别职业性与非职业性病因所起的作用，而前者的可能性必须大于后者。目前我国规定的纳入职业病范围的职业病分为 10 类 115 种，具体种类请查询国家标准。

预防职业病危害应遵循以下三级预防原则：

（1）一级预防

从根本上使劳动者不接触职业病危害因素，如改变工艺，改进生产过程，确定容许接触量或接触水平，使生产过程达到安全标准，对人群中的易感者根据职业禁忌证避免进入职业禁忌岗位。

（2）二级预防

在一级预防达不到要求、职业病危害因素已开始损伤劳动者的健康时，应及时发现，采取补救措施，主要工作为进行职业危害及健康的早期检测与及时处理，防止其进一步发展。

（3）三级预防

对已患职业病者，作出正确诊断，及时处理，包括及时脱离接触、进行治疗、防止恶化和并发症，使其恢复健康。

3. 事故隐患排查治理

国家安全生产监督管理总局颁布的《安全生产事故隐患排查治理暂行规定》，将"安全生产事故隐患"定义为："生产经营单位违反安全生产法律、法规、规章、标准、规程和安全生产管理制度的规定，或者因其他因素在生产经营活动中存在可能导致事故发生的物的危险状态、人的不安全行为和管理上的缺陷。"

所谓隐患排查治理，是指根据国家安全生产法律法规，利用安全生产管理相关方法，对生产经营单位的人、机械设备、工作环境和生产管理进行逐项排查，目的是发现安全生产事故隐患。发现隐患后，根据各种治理手段，将其消除，从而把安全生产事故消灭在萌芽状态，达到安全生产的目标。

⚖ 法律法规

《安全生产法》第一章总则第三条明确规定："安全生产管理，坚持'安全第一，预防为主'的方针。"在党的十六届五中全会上，党和国家坚持以科学发展观为指导，从经济和社会发展的全局出发，不断深化对安全生产规律的认识，提出了"安全第一，预防为主，综合治理"的安全生产方针。

学习心得

知识培训

1. 高处作业特点

高处作业工作量大、操作人员多、员工的流动性大，加上多工种的交叉、立体作业，并且临时设施多，现场条件差，各种不安全因素多，事故发生也较多。例如，"高处坠落、物体打击、机械伤害、触电、坍塌"这五大伤害严重威胁着建筑施工单位职工的健康和生命安全，而"高处坠落"又被列为建筑施工"五大伤害"之首，事故发生率极高，约占各类事故总数的 50% 以上，危险性极大。

2. 能够直接引起高处坠落的客观危险因素

（1）阵风风力五级（风速 8.0 m/s）以上。

（2）GB/T 4200—2008 规定的 Ⅱ 级或 Ⅱ 级以上的高温作业。

（3）平均气温等于或低于 5℃ 的作业环境。

（4）接触冷水温度等于或低于 12℃ 的作业。

（5）作业场地有冰、雪、霜、水、油等易滑物。

（6）作业场所光线不足，能见度差。

（7）作业活动范围与危险电压带电体的距离小于规定值。

（8）摆动，立足处不是平面或只有很小的平面，即任一边小于 500 mm 的矩形平面，直径小于 500 mm 的圆形平面或具有类似尺寸的其他形状的平面，致使作业者无法维持正常姿势。

（9）GB 3869—1997 规定的 Ⅲ 级或 Ⅲ 级以上的体力劳动强度。

（10）存在有毒气体或空气中含氧低于 19.5% 的作业环境。

（11）可能会引起各种灾害事故的作业环境和抢救突然发生的各种灾害事故。

3. 高处作业和施工中常见的事故

建筑施工过程中的"高处坠落、物体打击、机械伤害、触电和坍塌"五大伤害事故发生的主要场所就是建筑施工中的"危险源"所在地。

（1）高处坠落

从业人员从临边、洞口，包括屋面边、楼板边、阳台边、预留洞口、电梯井口、楼梯口等处坠落；从脚手架上坠落；龙门架（井字架）物料提升机和塔吊在安装、拆除过程中坠落；安装、拆除模板时坠落；结构和设备吊装时坠落。

（2）物体打击

人员受到同一垂直作业面的交叉作业中或通道口处坠落物体的打击。

（3）机械伤害

主要是垂直运输机械设备、吊装设备、各类桩机等对人的伤害。

（4）触电

对经过或靠近施工现场的外电线路没有或缺少防护，在搭设钢管架、绑扎钢筋或起重吊装过程中，碰触这些线路造成触电；使用各类电器设备触电；因电线破皮、老化，又没有开关箱等触电。

（5）坍塌

施工中发生的坍塌事故主要有现浇混凝土梁、板的模板支撑失稳倒塌、基坑边坡失稳引起土石方坍塌、拆除工程中的坍塌、施工现场的围墙及在建工程屋面板质量低劣坍落等。

4. 高处作业的安全技术措施

（1）设置安全防护设施，如防护栏杆、挡脚板、洞口的封口盖板、临时脚手架和平台、扶梯、防护棚（隔离棚）、安全网等。

（2）设置通信装置，如为塔式起重机司机配备对讲机。

（3）高处作业周边部位设置警示标志，夜间挂有红色警示灯。

（4）设置足够的照明。

（5）穿防滑鞋，正确佩戴和使用安全帽、安全带等安全防护用具。

（6）设置供作业人员上下的扶梯和斜道。

规章制度

根据《建筑安装工人安全技术操作规程》有关规定，从事高处作业的人员要定期体检，凡患有高血压、心脏病、贫血病、癫痫病以及其他不适合从事高处作业疾病的人员不得从事高处作业。

《建筑施工高处作业安全技术规范》（JGJ 80—1991）规定：攀登和悬空高处作业人员及搭设高处作业安全设施的人员，必须经过专业技术培训及专业考试合格，持证上岗，并必须定期进行体格检查。

法律法规

国务院令第 493 号《生产安全事故报告和调查处理条例》，

将"生产安全事故"定义为：生产经营活动中发生的造成人身伤亡或者直接经济损失的事件。

《企业职工伤亡事故分类标准》（GB6441—1986）将企业工伤事故分为 20 类，分别为物体打击、车辆伤害、机械伤害、起重伤害、触电、淹溺、灼烫、火灾、高处坠落、坍塌、冒顶片帮、透水、放炮、火药爆炸、瓦斯爆炸、锅炉爆炸、容器爆炸、其他爆炸、中毒和窒息、其他伤害。

《安全生产法》规定：从业人员在作业过程中，应当严格遵守本单位的安全生产规章制度和操作规程，服从管理，正确佩戴和使用劳动防护用品。

从业人员应当接受安全生产教育和培训，掌握本职工作所需的安全生产知识，提高安全生产技能，增强事故预防和应急处理能力。

从业人员发现事故隐患或者其他不安全因素，应当立即向现场安全生产管理人员或者本单位负责人报告；接到报告的人员应当及时予以处理。

学习心得

_____

_____

_____

_____

_____

_____

第六条 脚手架坠落和物体打击事故常见类型

由高脚手架向低脚手架跳跃。

建筑工地脚手架上，正在施工。

好悬啊，如果没有安全带，今天你命不保，千万不能违章作业！

知识培训

1. 脚手架坠落事故类型

（1）身体失稳坠落

架子工一般是在狭窄、光滑的横杆上站立、行走，在两杆之间跳动进行操作。如果操作不熟练，掌握不好身体平衡，手抓握不准或抓不牢固等，都会因身体失去平衡跌倒或脚底滑动而发生坠落事故。

（2）架子失稳坠落

一种是在不合格的地面上或者悬挑支架上搭设脚手架，立杆的垂直度得不到保证。在这样的架子上作业会使架子发生大幅度晃动，又没有临时支撑和拉结，就会发生脚手架倾斜倒塌事故。另一种是违章在架体上搭设挑排，形成"上大下小，头重脚轻"的情况，使架体重心失衡，发生倒塌伤人事故。

（3）杆件脱开坠落

各杆件之间绑扎不紧或扣件未紧固，作业人员站立到横杆上或脚手板上后，绑扎松开或下滑使架子散开，导致作业人员坠落。

（4）围护残缺坠落

未按规定设置防护栏杆、踢脚杆或踢脚板，未挂安全网，未架层间作业脚手板和防护脚手板少铺、间隙过大、不平、不稳、有探头、固定不牢等；脚手架与墙面距离过大，且没有防护措施等，作业人员一旦行为失误或操作失误，就会坠落。

（5）操作失误坠落

搭拆架子时用力过猛，身体失去平衡或两人操作配合不默契，突然失手等，在架子作业层上操作的人员，拉车倒退踩空、被构件挂住失稳、接收吊运材料被碰撞等，都会造成坠落事故。

（6）违章操作坠落

在脚手架上睡觉、打闹，攀登杆件上下、跳跃；凌空搭设时不用安全带；饮酒后作业；穿硬底鞋、皮鞋作业；未扎紧裤腿口、袖口；在不宜作业的大风、雨雪天，上架子操作；在石棉瓦等易碎轻型屋面、棚顶上踩踏，或者在不能上人的装饰物上踩踏等。

（7）架子塌垮坠落

这种倒塌会造成群死群伤，损失特别巨大。主要原因有：脚手架上荷载严重超出允许承载值；或荷载过分集中，引起扣件断裂或绑扎崩裂；任意撤去或减少连墙拉结、抛撑、缆风绳等；支撑地面沉陷，脚手架倾斜失稳；悬挑式脚手架没有分段卸荷；不同性质的支架连在一起；起重机械的吊臂挂、碰脚手架；车辆碰撞脚手架等。

（8）"口""边"失足坠落

施工现场的预留孔口、电梯井口、通道口、楼梯口、上料口、框架楼层周边、层面周边、阳台周边等没有设置围栏或加盖板以及警示标志，操作人员因滑、碰、用力过猛等踩空坠落。

（9）梯上作业坠落

梯子是一种常用的辅助攀登或直接作为登高作业的工具。如果倚靠不稳、斜度过大，或者梯脚无防滑措施，或垫高物倒塌均会因梯子倾倒而造成人员坠落事故。

2. 物体打击事故常见类型

（1）失手坠落，打击伤害

建筑登高架设作业人员在攀登或搭拆操作时，扳手、钢丝钳等手动工具失手坠落或在工具袋中滑脱坠下击伤他人。其他作业人员失手伤人，如瓦工砌筑时砍砖头，断砖坠落；木工手中的榔头等工具不慎掉下，击伤他人。

（2）堆放不稳，坠落伤人

因脚手架防护不严或没有防护措施，堆放的砖头、模板、钢材等材料不平稳或没有垫平，被人碰到或搬动时坠落，均会击伤他人。

（3）违章抛扔物料伤人

作业人员盲目图快，不按规定向下顺递或吊下，而是将高处拆下的钢管、扣件、脚手板或者模板、多余砖头、垃圾等从高处向下抛扔，结果发生直接击中他人或被抛下物反弹间接伤人的事故。

（4）吊运物体坠落伤人

使用起重机械吊运物件时没有捆紧，或者大、小物件混杂，或者起重操作不规范等，造成物件散落击伤他人。

⚖ **数据查询**

搭设临边防护栏杆时，必须符合下列要求：防护栏杆应由上、下两道横杆及栏杆柱组成，上杆离地高度为 1.0～1.2 m，下杆离地高度为 0.5～0.6 m。坡度大于 1∶2.2 的层面，防护栏杆应高 1.5 m，并加挂安全立网。除经设计计算外，横杆长度大于 2 m 时，必须加设栏杆柱。

学习心得

第七条 扣件式钢管脚手架的安全搭设

知识培训

1. 准备工作

（1）熟悉搭设方案，明确搭设要求。搭架以前，应参加搭架方案的技术交底会议，了解房屋主体结构、地基及主体工程施工概况，明确脚手架布置方案及技术要求。

（2）安全防护及搭架工具准备。作业人员应每人一套合格的安全防护用品（安全帽、安全带、工作服、防滑鞋等）。搭架工具根据搭架要求和现场实际情况准备。

（3）地基处理。室外脚手架都搭设在建筑物外围，如地面平整、牢实，可在做好排水处理后，直接在地面搭设。若地基起伏较大或为回填土时，则要做必要的处理。对地基起伏较大的可采用铲平、设垫块、砌垫墩等方法，也可将地面标高分为若干层，各层分别平整。而对回填土，应分层夯实并设垫块或垫板。

（4）架料检查。搭架前，对钢管、扣件、脚手板、安全网等架料进行清理检查。对于旧架料中材料的一些问题和缺陷应按相关标准进行检查处理，未经处理的不得上架使用。

（5）立杆定位放线。根据搭设方案，确定立杆位置。先排出房屋两端及出入口处立杆位置，在墙面或地面做好标记，再依次排出其他立杆位置，并根据立杆的位置进行放线。

2. 搭设顺序

扣件式钢管脚手架搭设顺序是：铺垫板、放底座，安装扫地杆→竖立杆→架设横杆→搭设连墙件→架剪刀撑→铺脚手板、挡脚板→架安全网、安全栏杆。

以上各步骤的工作是紧密相连的。前三个步骤，将独立的"杆"组成"架"，立杆与横杆几乎是同时架设。后几个步骤也可以交叉进行，如连墙件、剪刀撑是随着架子上升逐渐搭设，而安全栏杆也可与操作层铺板同时进行。

⚖ 操作标准

1. 普通脚手架连墙件设置方法

（1）将小横杆伸入墙内，用两个扣件在墙内外侧夹紧小横杆。

（2）在墙内预埋钢筋环，用铅丝穿过钢筋环拉住立杆，将小横杆顶住墙体，或加绑木枋作顶撑撑住墙体。

（3）在墙体洞口处内外加短钢管（长度大于洞口宽度 500 mm），再用扣件与小横杆扣紧。

（4）在混凝土柱、梁内设预埋件，用钢筋挂钩勾挂脚手架立杆，同时加顶撑撑住墙体。

2. 连墙件的搭设要点

（1）连墙点最大间距为"三步三跨"，每一个连墙件覆盖墙体的面积不应超过 40 m²。各连墙点按竖向、横向间隔布置为菱形、方形或矩形。

（2）连墙点尽量靠近"主节点"，距"主节点"偏离不超过 300 mm。

（3）从底层第一步大横杆即开始设置连墙件，若因建筑结构或施工布置等原因不能在第一步设置时，要加设"抛撑"或采取其他措施代替连墙件。

（4）对一字形、开口形脚手架，其两端必须设置连墙件，且连墙件的竖向间距不得超过层高，也不得超过 4 m。

（5）高度 24 m 以下的脚手架，宜采用刚性连墙件；高度大于 24 m 的脚手架，必须采用刚性连墙件。不论何种连墙件，均不得使用仅有拉筋的连墙方式作为连墙件。

数据查询

（1）立杆上的对接扣件应交错布置：两根相邻立杆的接头不应设置在同步内，同步内隔一根立杆的两个相隔接头在高度方向错开的距离不宜小于 500 mm；各接头中心至主节点的距离不宜大于步距的 1/3。

（2）搭接长度应不小于 1 m，应采用不少于 2 个旋转扣件固定，端部扣件盖板的边缘至杆端距离应不小于 100 mm。

（3）对高度 24 m 以上的双排脚手架，必须采用刚性连墙件与建筑物可靠连接。

（4）连墙件必须采用可承受拉力和压力的构造。采用拉筋必须配用顶撑，顶撑应可靠地顶在混凝土圈梁、柱等结构部位。拉筋应采用两根以上直径 4 mm 的钢丝拧成一股，使用时应不少于 2 股；也可采用直径不小于 6 mm 的钢筋。

学习心得

知识培训

1. 拆除原则

拆除前，要由单位工程负责人确认不再使用脚手架，并下达拆除通知，方可开始拆除。对于复杂的脚手架，还需制定拆除方案，由专人指挥，各工种配合操作。

拆除脚手架要按照"先搭的后拆、后搭的先拆，先拆上部、后拆下部，先拆外面、后拆里面，次要杆件先拆、主要杆件后拆"的原则。

2. 注意事项

（1）拆除作业必须由上而下逐层进行，严禁上下同时作业。

（2）连墙件必须随脚手架逐层拆除，严禁先将连墙件整层或数层拆除后再拆脚手架；分段拆除高差应不大于 2 步，如高差大于 2 步，应增设连墙件加固。

（3）各构配件严禁抛掷至地面。

操作标准

1. 拆除顺序

首先清除架子上堆放的物料，然后拆除脚手板（每档留一块，供拆除操作时使用），再依次拆除各杆件。各杆件拆除的顺序：安全栏杆→剪刀撑→小横杆→大横杆→立杆。

2. 操作要点

（1）拆除大横杆、立杆及剪刀撑等较长杆件时，要由三人配合操作。两端人员拆卸扣件，中间一个负责接送（向下传送）。若用吊车吊运，要两点绑扎，平放吊运。小横杆、扣件包等可通过建筑室内楼梯人工运送。

（2）杆件拆除时要一步一清，不得采用踏步式拆法。对剪刀撑、连墙杆，不能一次拆除，只能随架子整体的下拆而逐层拆除。

（3）拆除的扣件与零配件，用工具包或专用容器收集，用吊车或吊绳吊下，不得向下抛掷。也可将扣件留置在钢管上，待钢管吊下后，再拆卸。

（4）拆除的杆件、扣件要及时按规格、品种分类堆放，并及时清理入库。

（5）拆除操作人员要戴安全带，安全带挂钩要挂在可靠且高于操作面的地方。

（6）拆除时要设置警戒线，专人负责安全警戒，禁止无关人员进入。

（7）拆除作业连续进行时，若中途下班休息，要清理架上已拆卸的杆件、扣件，加临时拉杆稳定架子，并派专人值班看守，防止他人动用脚手架。

规章制度

（1）搭设脚手架人员必须戴安全帽、系安全带、穿防滑鞋。

（2）作业层上的施工荷载应符合设计要求，不得超载。不得将模板支架、缆风绳、泵送混凝土和砂浆的输送管等固定在脚手架上；严禁悬挂起重设备。

（3）当有六级及六级以上大风和雾、雨、雪天气时，应停止脚手架搭设与拆除作业。雨、雪后上架作业应有防滑措施，并应扫除积雪。

（4）在脚手架使用期间，严禁拆除下列杆件：主节点处的纵、横向水平杆，纵、横向扫地杆，连墙件。

（5）不得在脚手架基础及其邻近处进行挖掘作业，否则应采取安全措施。

（6）临街搭设脚手架时，外侧应有防止坠物伤人的防护措施。

（7）在脚手架上进行电焊、气焊作业时，必须有防火措施和专人看守。

（8）工地临时用电线路的架设及脚手架接地、避雷措施等，应按现行行业标准《施工现场临时用电安全技术规范》（JGJ 46）的有关规定执行。

学习心得

_____

_____

_____

_____

_____

_____

_____

_____

第九条 悬挑式外脚手架的安全搭设与拆除

知识培训

1. 挑梁式悬挑脚手架搭设

（1）搭设施工准备

挑梁式悬挑脚手架搭设前应根据专项施工方案准备好搭设架体的材料，按要求加工制作支撑架及预埋件等。在编制专项施工方案时应设计好位置，预埋件所用材料及其规格等应经过专门设计。

（2）搭设顺序

挑梁式悬挑脚手架搭设顺序：安设型钢挑梁（架）→安装斜撑压杆或斜拉绳（杆）→安设纵向钢梁→搭设上部脚手架。

（3）施工要点

1）悬挑梁与墙体结构的连接，应预埋铁件或留好孔洞，不得随便打孔凿洞，破坏墙体。各支点要与建筑物中的预埋件连接牢固。

2）支承在悬挑支承结构上的脚手架，其最低一层水平杆处应满铺脚手板，以保证脚手架底层有足够的横向水平刚度。

3）挑梁式悬挑脚手架立杆与挑梁（或纵梁）的连接，应在挑梁（或纵梁）上焊 150～200 mm 长钢管，其外径比脚手架立杆内径小 1.0～1.5 mm，用接长扣件连接，同时在立杆下部设 1～2 道扫地杆，以确保架子的稳定。

（4）注意事项

1）脚手架的材料必须符合设计要求，不得使用不合格的材料。

2）各支点要与建筑物中的预埋件连接牢固。

3）斜拉杆（绳）应有收紧措施，以便在收紧后承担脚手架荷载。

4）脚手架立杆与挑梁用接长扣件连接，同时在立杆下部设1～2 道扫地杆，以确保架子的稳定。

2. 支撑杆式悬挑脚手架搭设

（1）搭设顺序

支撑杆式悬挑脚手架的搭设顺序：水平横杆→大横杆→双斜杆→内立杆→加强短杆→外立杆→脚手板→栏杆→安全网→小横杆→连墙杆拉结→水平杆与预埋件焊接。

（2）施工要点

1）连墙杆的设置。根据建筑物的轴线尺寸，在水平方向应每隔 3 跨（隔 6 m）设置一个，在垂直方向应每隔 3～4 m 设置一个，并要求各点互相错开，形成梅花状布置。

2）要严格控制脚手架的垂直度，随搭随检查，发现超过允许偏差及时纠正。

3）脚手架中各层均应设置护栏、踢脚板和扶梯。脚手架外侧和单个架子的底面用小眼安全网封闭，架子与建筑物要保持必要的通道。

4）脚手架的底层应满铺厚木脚手板，其上各层可满铺薄钢板冲压成的穿孔轻型脚手板。

（3）注意事项

1）连墙杆要求在水平方向每隔 6 m 与建筑物连接牢固；在垂直方向隔 3～4 m 设置一个拉结点，并要求成梅花形布置。

2）要严格控制脚手架的垂直度。

3）斜撑钢管要与脚手架立杆用双扣件连接牢固。

4）按搭设顺序搭设，并在下面支设安全网。

3. 悬挑式外脚手架拆除

（1）拆除前的准备工作

在进行悬挑式外脚手架的拆除工作之前，必须做好以下准备工作：

1）当工程施工完成后，必须经单位工程负责人检查验证，确认不再需要脚手架后，方可拆除。

2）拆除脚手架应制定拆除方案，并向操作人员进行技术交底。

3）全面检查脚手架是否安全。

4）拆除前应清理脚手架上的材料、工具和杂物，清理地面障碍物。

5）拆除脚手架现场应设置安全警戒区域和警告牌，并派专人看管，严禁非施工作业人员进入拆除作业区内。

（2）拆除顺序

悬挑式外脚手架的拆除顺序与搭设顺序相反，不允许先行拆除拉杆。拆除程序为：架体拆除→悬挑支承架拆除。

拆除架体可采用人工逐层拆除，也可采用塔吊分段拆除。

学习心得

第十条 碗扣式钢管脚手架的安全搭设与拆除

知识培训

1. 碗扣式钢管脚手架搭设要点

（1）搭设前的准备工作

碗扣式脚手架搭设前的准备工作基本同扣件式脚手架搭设前的准备工作，包括脚手架布架设计、架料检验、地基处理等主要步骤。在地基处理时，由于碗扣式脚手架对地基沉陷较敏感，要避免产生不均匀的沉陷，对荷载较大的支撑脚手架或高层脚手架地基，要经验算后确定处理方法。

（2）搭设要点

1）曲线组合。当脚手架需要曲线布置时，应按曲率要求使用不同长度的横杆进行组合，但曲率半径不能小于 2.4 m。

2）直角交叉。脚手架直角交叉时，可采用直接拼接或用直角撑实现任意部位直角交叉。

2. 碗扣式钢管脚手架搭设注意事项

（1）所有构件都应按设计及脚手架有关规定设置。

（2）在搭设过程中，应注意调整整架的垂直度，一般通过调整连墙撑的长度来实现，要求整架垂直度小于 $L/500$，但最大允许偏差为 100 mm。

（3）在搭设、拆除或改变作业程序时，禁止人员进入危险区域。

（4）脚手架应随建筑物的升高而随时设置，一般应不超出建筑物二步架。

（5）单排横杆插入墙体后，应将夹板用榔头击紧，不得浮放。

3. 登架检查与验收

（1）检查阶段

1）每搭设 10 m 后。

2）达到设计高度时。

3）遇有 6 级及以上大风和大雨、大雪之后。

4）停工超过 1 个月恢复使用前。

（2）检验主要内容

1）立杆垫座与基础面是否接触良好，有无松动或脱离情况。

2）检验全部节点的上碗扣是否锁紧。

3）连墙撑、斜杆及安全网等构件的设置是否达到了设计要求。

4）荷载是否超过规定。

（3）主要技术要求

1）地基基础表面要坚实平整，垫板放置牢靠，排水通畅。

2）不允许立杆有浮动、松动现象。

3）整架垂直度应小于 $L/500$，但最大允许偏差为 100 mm。

4）对于直线布置的脚手架，其纵向直线度偏差应小于 $L/200$。

5）横杆的水平度，横杆两端的高度偏差应小于 $L/400$。

6）所有碗扣接头必须锁紧。

4. 碗扣式钢管脚手架拆除

（1）碗扣式脚手架的拆除顺序

脚手架拆除步骤与搭设顺序相反，可按如下顺序完成拆除工作：安全网→人行梯→连墙撑→横杆→立杆连接销→脚手板→斜杆→立杆→立杆底座。

（2）拆除要点与注意事项

1）脚手架拆除前，应由单位工程负责人对脚手架做全面检查，确认可以拆除后方可实施拆除。

2）脚手架拆除前应制定拆除方案并向拆除人员技术交底，清除所有多余物件后，方可拆除。

3）拆除脚手架时，必须划出安全区，设警戒标志，并设专人看管拆除现场。

4）连墙拉结杆件只有拆到该层时方可拆除，禁止在拆架前先拆连墙拉结杆件。

5）拆除的构件应用吊具吊下或人工递下，禁止从高空往下抛掷。

6）局部脚手架如需保留时，应有专项技术措施，经上一级技术负责人批准，安全部门及使用单位验收，办理签字手续后方能使用。

7）拆除到地面的构配件应及时清理、维护并分类堆放，以便运输和保管。

学习心得

知识培训

1. 脚手架的搭设顺序

门式脚手架一般按以下顺序搭设：铺设垫木→安放底座→自一端立门架并随即装交叉支撑→安装水平架（或脚手板）→安装钢梯→安装水平加固杆→安装连墙杆→重复以上步骤逐层向上安装→安装剪刀撑→装配顶部栏杆扶手。

2. 门式钢管脚手架的搭设步骤

（1）铺设垫木

搭设门式钢管脚手架时，基底必须严格夯实抄平，并铺底座。搭设落地式门式脚手架的场地应平整、坚实、排水良好。当脚手架架设在回填土地面上时，地面应分层回填，逐层夯实。

立杆下垫木的铺设方式有垂直于墙面方向横铺和平行于墙面方向纵铺两种。当垫木长度为 1.6~2.0 m 时，垫木宜采用横向铺设；当垫木长度在 4.0 m 左右时，垫木宜采用纵向铺设。

（2）安放底座

应在第一步门架立杆下端设置可调底座或固定底座。门式钢管脚手架使用期超过 3 个月时，应用铁钉与垫木钉牢。当地基承载力较低时，宜选用可调底座，以调整门式钢管脚手架不均匀沉降。门式钢管脚手架分段搭设时，可采用固定底座。

（3）立门架

门架的选型应根据建筑物的形状、尺寸、高度和施工荷载、作业情况等条件确定，并绘制搭设构造、节点详图，供搭设人员使用。不同规格的门架由于尺寸、高度不同，不得混用。上、下门架立杆应在同一轴线位置上，以使门架传力均匀、准确。

（4）设置交叉支撑

门式钢管脚手架内外侧均应设置交叉支撑，并与门架立杆上的锁销锁牢。由于施工操作要求，需要拆除内侧交叉支撑时（如抹灰，镶贴瓷砖、马赛克等装修作业），应在该门架单元上、下设置水平架或脚手板。

（5）安装挂扣式脚手板、水平架

施工操作作业层应连续满铺挂扣式脚手板，宽度不宜小于 1 m。脚手板搭钩应与门架横杆扣紧，用滑动挡板锁牢。当采用非挂扣式钢、木脚手板时，应将脚手板与脚手板、脚手板与门架横杆用铅丝绑扎牢固，严禁出现探头板现象。

（6）安装钢梯

钢梯规格应与门架规格配套，并应与门架挂扣牢固。钢梯的位置应符合组装布置图的要求，底层钢梯底部应加设 ϕ42 mm 钢管并用扣件扣紧在门架立杆上，钢梯跨的两侧均应设置扶手。每段钢梯可跨越两步或三步门架再行转折。

（7）安装水平加固杆

门式钢管脚手架高度超过 20 m 时，应在脚手架内侧，每隔 3～5 步架高设置一道水平加固杆。水平加固杆必须随脚手架的搭设同步安装，以确保架子的整体稳定。

水平加固杆应连续设置，形成水平封闭圈，以增强脚手架的整体性。

（8）连墙件

连墙件的最大竖向和水平间距应不超过下页表的要求。

（9）安装剪刀撑

门式钢管脚手架搭设高度超过 20 m 时，应在脚手架外侧连续设置剪刀撑。剪刀撑与地面倾角为 45°～60°，水平间距为 5～9 m。剪刀撑的高度和宽度为 3～4 个步距和架距，相邻剪刀撑相隔 3～5 个架距，沿全高设置。

（10）装配顶部栏杆柱、栏杆扶手

栏杆应设置在脚手架操作层外侧门架立杆的内侧。栏杆柱插放在顶部门架立杆中，栏杆扶手端部压扁部分钻有销孔，与栏杆柱上锁销锁牢。

 数据查询

表		连墙件间距	
落地脚手架 搭设高度（m）	基本风压 （kN/m²）	连墙件间距（m）	
		竖向	水平方向
≤45	≤0.35	≤5.0	≤8.0
	0.36～0.55	≤4.0	≤6.0
46～60			

学习心得

知识培训

1. 木、竹脚手架搭设施工顺序

各类木、竹脚手架的一般施工顺序：根据预定的搭设方案放立杆位置线→挖立杆坑→竖立杆→绑纵向水平杆→绑横向水平杆→绑抛撑→绑斜撑或剪刀撑→铺脚手板→搭设安全网。

（1）放立杆位置线

根据预定的搭设方案画出立杆的具体位置点。

（2）挖立杆坑

坑的深度要求不小于 0.5 m，坑的直径大于立杆直径 100 mm 左右，这样有利于调整和固定立杆的位置。

（3）竖立杆

由 3～4 人配合操作，先竖里排脚手架两头的立杆，再竖中间的立杆，看齐找正后，依次竖立中间部分其余立杆。外排立杆按里排立杆的竖立顺序竖立，立杆纵横方向校正垂直，如有弯曲的立杆应使弯曲部分顺着脚手架的纵向。

（4）绑纵向水平杆

由 4 人配合操作，3 人绑扎，有经验的一人找平。绑扎第一步架的纵向水平杆前，应先检查立柱是否埋正、埋牢。绑纵向水平杆时，同一步架纵向水平杆的大头朝向应一致，上下相邻两步架的大头朝向要相反，以增强脚手架的稳定性。

（5）绑横向水平杆

横向水平杆绑在纵向水平杆上，相邻两根横向水平杆的大头朝向应相反，上下两排横向水平杆应绑在立柱的不同侧面，横向水平杆伸出立柱部分长度不得小于 300 mm。

（6）绑抛撑

脚手架搭设至三步架以上时，应及时绑抛撑。在此以前脚手架要用临时支撑加以固定，以免脚手架外倾或倒塌。抛撑每7根立柱设一道，与地面夹角为 60°其底脚埋入土内的深度不得小于 300 mm。

(7) 绑斜撑或剪刀撑

木、竹脚手架绑扎到三步架时必须绑斜撑或剪刀撑。剪刀撑的间距不得超过 7 根立柱的间距，第一道剪刀撑的下端要落地。

(8) 铺脚手板

脚手板必须满铺，对接铺设的脚手板，其接头下边应设两根横向水平杆，脚手板悬空部分不得大于 100 mm，严禁铺探头板。搭接铺设的脚手板，接头必须在横向水平杆上，搭接长度为 200～300 mm。脚手架两端的脚手板和靠墙的脚手板必须用 8 号铁丝绑牢。

2. 木、竹脚手架搭设安全技术要求

(1) 必须按照规范与施工方案的要求，制定脚手架施工安全技术措施。

(2) 必须由持有上岗证的专业架子工人作业。施工时必须按规定戴安全帽、安全带和穿防滑鞋。

(3) 脚手架与高压线之间的水平和垂直安全间距为：35 kV以上不得小于 6 m；10～35 kV 不得小于 5 m；10 kV 以下不得小于 3 m。

(4) 6 级风以上的大风天气，以及大雾、大雨、大雪天气，不得从事脚手架作业。雨雪后作业必须采取防滑安全措施。

(5) 吊、挂、挑脚手架必须按规定严格控制使用荷载，严禁超载，同时必须设置安全绳，挂、吊脚手架须经荷载试验合格后方准使用。

⚖ 规章制度

（1）高度超过 4 m 的脚手架必须按规定设置安全网。

（2）高度超过 3 步架的脚手架必须设置防护栏杆和挡脚板。斜道（马道）、休息平台应设扶手。

（3）脚手架的搭设进度应与结构工程施工进度相配合，不宜一次搭设过高，以免影响架子稳定和给其他工序带来麻烦。

（4）脚手架内侧与墙面之间的间隙应不超过 150 mm，必须离开墙面设置时，应搭设向内挑扩的架体作业面。

（5）杆件相交挑出的端头应大于 150 mm，杆件搭接绑扎点以外的余梢应绑扎固定。

（6）高层建筑脚手架和特种工程脚手架，使用前必须进行严格检查，合格后方可使用。

学习心得

_____

_____

_____

_____

_____

_____

_____

_____

第十三条 附着升降脚手架安装操作安全技术要求

知识培训

1. 操作人员要求

（1）附着升降脚手架的安装、施工应由具有附着升降脚手架专业施工资质的施工单位完成。

（2）由附着升降脚手架施工单位根据专项施工组织设计的要求，派出具有专业资质的附着升降脚手架施工负责人、技术人员、脚手架施工组及机械操作人员，负责附着升降脚手架的搭设、安装和施工。

（3）施工人员必须经过专业培训，且持有经考核合格后颁发并在有效期内的专项操作证。

（4）附着升降脚手架安装搭设前脚手架技术负责人和脚手架项目负责人对施工小组成员进行安全技术交底，应根据不同的施工项目，分析脚手架施工的特殊性和专项技术要求，以及应采取的针对性安全技术措施；同时明确岗位职责，并宣讲施工现场安全操作规程。

（5）操作人员进入施工现场，应按规定佩戴安全帽、安全带、穿防滑鞋等各种必备的劳动保护用品，使用的工具应合适并完好无损。

（6）操作人员作业时应精力集中，统一指挥，严格按脚手架操作规程和搭设方案的要求完成架体搭设，坚决杜绝随意搭设。

2. 材料要求

（1）附着升降脚手架架体部分的钢结构桁架（架体竖向主框架和架体水平梁架等），应由生产厂家按相关规定对其进行检验，检验合格后才允许使用。

（2）搭设架体构架用的普通脚手架杆件及扣件应具有质量合格证、质量检验报告等质量文件。钢管应严格进行筛选并油漆。凡有严重锈蚀、薄壁、严重弯曲及焊缝开裂变形的，一律不能使用。

（3）扣件有严重锈蚀、裂纹、螺杆变形、螺纹损坏的不能使用。

（4）架体材料拆除后应及时进行全面检修保养。出现以下情况之一的，必须予以报废：

1）焊接件严重变形或锈蚀严重无法修复。

2）导轨、附着支承结构件、水平梁架杆部件出现严重弯曲。

3）螺栓连接件变形、磨损、锈蚀严重或螺栓损坏。

4）弹簧件变形、失效。

5）钢丝绳扭曲、打结、断股、磨损严重，达到报废规定的。

6）其他不符合设计要求的。

⚖ 规章制度

（1）操作人员应严格按附着升降脚手架专项施工方案的要求完成架体的安装搭设。

（2）架体构架的搭设应做到横平竖直，立杆的垂直度误差应不大于 0.5% 和 60 mm。

（3）相邻立杆的接头应相互错开至少一步。立杆间距以平均分布为宜，且不大于 1.5～1.8 m。

（4）采用扣件搭设时，其拧紧力矩不小于 40 N·m，且不大于 65 N·m。

（5）架体的安装搭设应符合建筑物主体结构的施工进度要求，但搭设高度不应超过在建施工层的一层高度。应随着架体的安装搭设逐层连接好附墙拉结杆，保持架体的垂直度和稳定性。

（6）架体安装搭设过程中，每搭完一步架体应检查架体的立杆纵距、架体宽度、立杆的垂直度，以及架体内侧离墙距离，并及时调整校正。

（7）按附着升降脚手架专项施工方案的要求做好脚手架的安全防护，每步的竹笆脚手板应随架体的安装搭设及时铺设，尽量避免站在脚手架钢管上操作。

（8）附着升降脚手架安装搭设期间，脚手架下方投影区向外 5 m 范围内应设置警戒区，严禁人员进入，并派专人守护。

操作标准

（1）附着升降脚手架的使用必须遵守其设计性能指标，不得随意扩大使用范围。

（2）脚手架上每步的施工荷载必须符合设计规定，一般不大于 2 kN/m²，且在同一断面内的施工荷载不超过三步。严禁超载使用架体。严禁堆放影响局部杆件安全的集中荷载（如钢管、钢模等过重物件）。及时清理架体上的建筑垃圾和杂物。

（3）不得在架体上拉结吊装缆绳（索）。

（4）不得利用架体吊运物料或在架体上推车。

（5）除了经特殊设计外，不得利用架体提升模板或支顶模板。

（6）塔式起重机在吊运物件通过架体时，应留有充分的高度，严禁碰撞或扯动架体。

（7）施工人员严禁拆除或松动架体上的任何结构件、连接件、电缆线或安全防护设施。

（8）进出物料平台在使用中不得与架体接触，平台的吊拉钢丝绳应拉结在建筑物主体结构上。物料平台不得与架体同时进行升降作业。

（9）脚手架上的施工人员应尽量避免上下交叉作业。

（10）严禁非专职操作人员擅自进入电控操作台，随意操作升降机构。

（11）随着架体的升高，架体上电源箱的主电缆悬挂长度不能超过架体下部 10 m，以免对架体产生附加外倾力矩，电缆应随着架体上升而上移到更高的楼面堆放。

学习心得

_____

_____

_____

_____

_____

_____

_____

第十四条 脚手架施工作业防火防电

躲在脚手架上抽烟。

脚手架下堆积了很多锯末、刨花。

慌乱之中跳下脚手架摔成重伤。

起火了!

知识培训

1. 防火措施

各类脚手架的防火应与施工现场的防火措施密切配合，同步进行，主要应做好以下几点。

（1）脚手架附近应配置一定数量的灭火器和消防装置。架子工应懂得灭火器的基本使用方法和扑救火灾的基本常识。

（2）必须及时清理和运走脚手架上及周围的建筑垃圾，特别是锯末、刨花等易燃物，以免窜入火星引燃起火。

（3）在脚手架上或脚手架附近临时动火，必须事先办理动火许可证，事先清理动火现场或采用不燃材料进行分隔，配置灭火器材，并有专人监管，与动火工种配合、协调。

（4）禁止在脚手架上吸烟。禁止在脚手架或附近存放可燃、易燃、易爆的化工材料和建筑材料。

（5）管理好电源和电器设备。停止生产时必须断电，预防短路以及在带电情况下维修或操作电气设备时产生电弧或电火花损害脚手架，甚至引发火灾，烧毁脚手架。

（6）室内脚手架应注意照明灯具与脚手架之间的距离，防止长时间强光照射或灯具过热，使竹、木材杆件发热烤焦，引起燃烧。严禁在满堂脚手架室内烘烤墙体或动用明火。严禁用灯泡、碘钨灯烤火取暖及烘衣服、手套等。

（7）动用明火（电焊、气焊、喷灯等）要按消防条例及建设单位、监理单位、施工单位的规定办理动用明火审批手续，经批准并采取了一定的安全措施，才准作业。工作完毕后要仔细检查脚手架上、下范围内是否有余火，是否损伤了脚手架，待确认无隐患后才准离开作业地点。

2. 防电措施

(1) 搭设脚手架和搭成的脚手架与外电线路之间必须保持可靠的安全操作距离。

(2) 搭设安全防护设施。如果因施工现场条件限制,脚手架与外电线路之间达不到规定的安全操作距离,必须编制外电线路防护方案,采取相应防护措施。增设能起到绝缘隔离作用的屏障、遮栏、围栏或保护网等,并在相应位置悬挂醒目的警告标志牌,以警示施工作业人员。搭、拆防护设施,须设警戒区,有专人防护。

(3) 外电线路与脚手架遮栏、屏障等防护设施之间必须保持可靠的安全距离。

(4) 外电线路和变压器等带电体的防护隔离设施,应在脚手架搭设之前完成,不应在脚手架完成以后再搭设,也不应与脚手架搭设同步。搭设防护架时,必须停电。

(5) 高压输变电线或变压器防护隔离设施采用屏障式或围栏式,应视其与施工现场搭设脚手架的距离而定。隔离排架必须全部采用竹材搭设。必须牢记:潮湿的竹、木杆也会导电,应禁止在雨雪天搭设防护设施。绑扎材料宜采用竹篾等绝缘材料。围封材料应用硬质绝缘材料。

(6) 钢管脚手架(包括各类钢脚手架)不得搭设在距离 35 kV 以上的高压线路 4.5 m 以内的地区和距 1～10 kV 高压线路 3 m 以内的地区。

(7) 对电线和钢管脚手架等进行包扎隔绝时,可由专业电工用橡胶布、塑料布或其他绝缘性能良好的材料进行包扎。包扎好的电线,应用麻绳扎牢,用瓷瓶固定,与钢管脚手架保持一定的距离。如果不能使电线与钢管脚手架离开，可在包扎好的电线与包扎好的钢管脚手架之间设置可靠的隔离层，并绑扎牢固以免晃动摩擦。

(8) 钢管脚手架应采取接地处理。如果电力线路垂直穿过或靠近钢管脚手架时，应将电力线路周围至少 2 m 以内的钢管脚手架水平连接，并将线路下方的钢管脚手架垂直连接进行接地。如果电力线路和钢管脚手架平行靠近时，应将靠近电力线路的一段钢管脚手架在水平方向连接，并在靠墙的一侧每隔 25 m 设一接地极，接地极入土深度为 2～2.5 m。

(9) 夜间施工和深基坑操作的照明线通过钢管脚手架时，应使用电压不超过 12 V 的低压电源。

(10) 严禁在脚手架上拖拉或缠绑电线、直接安装照明灯具等。

学习心得

_____

_____

_____

_____

_____

_____

_____

知识培训

1. 杆塔作业安全要求

（1）攀登电杆一般使用脚扣或升降板。如果杆塔带有脚钉，应通过脚钉攀登。

（2）使用脚扣前，先应检查脚扣有无断裂或腐蚀，脚扣带是否完好。然后将脚扣扣在电杆上距地面 0.5 m 左右处，分别对两只脚扣进行冲击试验。一只脚站在脚扣上，双手抱杆，借人体重力向下踩蹬，检查脚扣有无变形或损坏，不合格者严禁使用。

（3）在登杆时，脚扣带的松紧要适当，以防脚扣在脚上转动或脱落。

（4）在刮风天气，应从上风侧攀登，在倒换脚扣时，不得互相碰撞。

（5）站在脚扣上进行高处作业时，脚扣必须与电杆扣稳。

（6）两个脚扣不能互相交叉，以防滑脱。

（7）使用升降板时，先应检查脚踏板有无断裂、腐朽，绳索有无断股。然后进行人体冲击试验，不合格者严禁使用。

（8）用升降板登杆时，升降板的挂钩应朝上，并用拇指顶住挂钩，以防松脱。

（9）在倒换升降板时，应保持人体平衡，两板间距不宜过大。

（10）新立电杆必须将杆基用回填土填满夯实后，方可登杆工作，以防倒杆事故发生。

（11）登木杆前，必须先检查杆根是否牢固。发现腐朽时，应支好叉杆或采取其他加固措施后方可登杆。

（12）当电杆杆基被雨水冲刷，应先培土加固，或支好叉杆后，方可登杆。

（13）在杆塔上放线时，必须加设合格的临时拉线，以平衡杆塔两侧的张力。

（14）要克服图省事、怕麻烦的侥幸心理，不能采用突然剪断导线、架空地线的做法松线。

2. 登梯作业安全要求

（1）高处作业使用的各种梯子，在使用前应进行认真检查，确保梯子完整牢固。

（2）在水泥或光滑的地面上，应使用梯脚装有防滑胶套或胶垫的梯子。在泥土地面上，应使用梯脚带有铁尖的梯子。

（3）禁止把梯子放在木箱等不稳固的支持物上使用。

（4）靠墙使用梯子时，梯脚与墙面之间的距离为梯子长度的 1/2 左右，不能过长或过短，以防滑落或翻倒。

（5）为了防止梯子倒落，登梯作业时应有人监护并扶梯。

（6）在梯上工作时，一只脚踩在梯阶上，一条腿跨过梯阶踩在或用脚面钩住比站立梯阶高出一阶的梯阶上，距梯顶应不小于 1 m，以保持人体的稳定。

（7）使用中的梯子，禁止移动，以防造成高处坠落。

（8）靠在管道上使用梯子时，梯顶需有挂钩，或用绳索将梯子与管道捆绑牢靠。

（9）在门前使用梯子，应派人看守或者采取防止门突然开启的措施。

（10）使用人字梯前，应检查并保证梯子的铰链和限制开度的拉链完好无损。

（11）在人字梯上工作，不能采取骑马或站立姿势，以防梯脚自动展开造成事故。

（12）软梯的架设应指定专人负责或由使用者亲自架设，软梯应挂在牢靠的物体上。

（13）攀登软梯前，要借助人体重力向下踩蹬，证实完好后方可登梯。

（14）在登梯过程中，必须使用保险绳。

（15）在软梯上只允许一个人进行工作，工作人员应衣着轻便。

学习心得

第十六条 高处悬挂作业及其分类

知识培训

高处悬挂作业是替代传统脚手架的一种高处作业，它广泛用于高层及多层建筑施工中的外墙面装饰、装修，玻璃幕墙及玻璃窗安装，墙面清洗，电梯安装，油库、大型罐体、高大烟囱、桥梁、大坝、造船等工程施工维修作业，也可用于物料的提升搬运。高处悬挂作业能在建筑物外形变化较大、施工场地狭小处进行，并在加快工程进度、提高工程质量方面发挥了巨大的作用。

为了加强高处悬挂施工的安全管理，保障高处悬挂施工安全，保护作业人员的生命安全和健康，预防和减少高处悬挂作业事故，应不断提高高处悬挂作业人员的操作技能，增强操作人员的安全意识。

1. 高处悬挂作业方式的分类

高处悬挂作业方式主要有作业吊篮式、座式登高板作业。

（1）作业吊篮式

作业吊篮具有多种类型和品种，不同类型的作业吊篮，其基本组成有所不同；而不同品种的作业吊篮，其组成的具体构造也有所不同。在这里，我们主要介绍两种类型的作业吊篮，其主要特点和组成如下。

1）非常设式吊篮（暂设式吊篮）。非常设式吊篮是临时架设在建筑物或构筑物上的吊篮。这种吊篮主要用于施工期集中的某一段时间，重复使用的间隔期较长的场合。其基本组成一般包括五个部分，由于吊篮平台的水平横移一般靠人力进行，所以仅有吊篮平台升降的操纵装置，而没有横移的操纵装置。

2）常设式吊篮。常设式吊篮是指把吊篮作为建筑物或构筑物的一种永久性附属设备。对于较大型的屋面悬挂机构，其横移可以靠动力进行，因此具有升降和横移的操纵装置，是一种结构完整、功能较完善的作业吊篮设备。

（2）座式登高板

当受建筑物结构限制，不能使用悬挂设备时，可以使用座式登高板或自制悬挂装置作业。

2. 高处悬挂作业设备的基本结构

（1）作业吊篮

作业吊篮一般由以下五个部分组成。

1）悬挂机构。悬挂机构通过钢丝绳悬挂平台，架设在建筑物或构筑物上，可作为有动力或无动力的装置。悬挂机构一般安装于建筑结构物的顶部（如屋面、女儿墙、檐口、梁等部位），其前端伸出墙外，通过吊臂挂有绳索（用以悬挂吊篮平台）；悬挂机构的后端则往往装有一定质量的配重块，或者另有绳索（锚固索）或其他连接件拴在建筑结构的合适部位，以防悬挂机构发生倾覆。

2）吊篮平台。吊篮平台四周装有护栏，是进行高处作业的悬挂装置。不同形式的吊篮平台可按不同的规定挂在从悬挂机构前端垂下的单根或数根吊索上。如升降作业吊篮，其吊篮平台上还设有操纵装置；如果提升机构不设在悬挂机构上，也可以设在该平台上。

3）提升机构。提升机构是使吊篮平台上下运行的传动机构。它既可以安装在悬挂机构上，也可以安装在吊篮平台上；提升机构可以采用不同的动力和不同的传动机构，通过吊索使吊篮平台升降。不同形式的吊篮平台可采用 1 台或数台提升机构，通过操纵装置进行升降操纵。

4）安全保护装置。安全保护装置是保障作业吊篮安全的专门自动装置。按其功能需要的不同，安全保护装置有多种不同的类型，并分设于悬挂机构、吊篮平台、提升机构或操纵、控制装置的不同部位。

5）操纵、控制装置。操纵、控制装置是用来操纵或控制作业吊篮的各种运动联锁控制和安全控制的部分。吊篮平台升降的操纵装置设于该平台上，由作业人员自行操纵；而屋面悬挂机构横移动作的操纵装置则设在屋面或吊篮平台上，或两者同时设置。

（2）座式登高板

座式登高板一般由以下几个部件组成。

1）吊板。吊板由防滑座板、吊带组成。吊板是高处作业者坐在上面工作的组件。

2）下滑扣。下滑扣是连接吊板与工作绳的构件。

3）活络结。活络结是能使吊板向下滑行或固定的一种绳结。

4）安全带。安全带是防止高处作业的操作者坠落伤亡的防护用品。它由带子、绳子和金属配件组成，总称安全带。

5）生命绳。生命绳是独立悬挂在建筑物顶部，通过自锁钩、安全带与作业人员连在一起，防止作业人员坠落的绳索。

6）自锁钩。自锁钩装配在安全带上，是当人体坠落时能立即卡住生命绳的器件。

规章制度

根据《特种作业人员安全技术培训考核管理规定》和登高作业相关操作规程，高处悬挂作业人员的基本条件应符合以下要求：

（1）年龄满 18 周岁；身体健康，无妨碍从事相应工种作业的疾病和主要缺陷。

（2）具有初中毕业以上文化程度，具备相应工种的安全技术知识和技能，培训后经安全技术理论和实际操作考核成绩合格，并取得《特种作业人员操作证》。

（3）符合相应工种作业特点需要的其他条件。

（4）酒后、过度疲劳、情绪异常者不得上岗。

学习心得

第十七条　高处悬挂作业安全管理

知识培训

1. 参加特种作业的安全技术培训

吊篮设备的操作人员要参加吊篮作业的安全技术培训并取得安全生产监督管理部门颁发的特种作业操作证，方可在有效期内进行作业。

2. 严格遵守载荷规定

吊篮设备上的载重超过规定载荷时不要使用。如果超过载荷时使用，则会发生吊篮倾斜或钢缆断裂、损伤、拉长事故。

3. 吊篮内禁止使用梯凳

吊篮平台上不应堆放规定使用之外的材料，不应架设和使用梯子、高凳、高架，也不应另设吊具运送材料。

4. 禁止离开操作岗位

吊篮操作人员在使用吊篮设备期间不得离开操作岗位。如果离开操作岗位，必须切断电源，以防误动作或由无关人员触动而引发事故。

5. 严格遵守规定的手势

使用吊篮设备进行工作时，对操作吊篮设备要遵守一定的手势。操作负责人应指派一名手势人员，并让其用手势联系。

6. 戴好安全帽，系好安全带和安全绳

操作时一定要系好安全带和安全绳，并戴好安全帽进行作业，否则随时会发生伤亡事故。严禁安全绳与吊篮连接。

7. 禁止无关人员进入操作区域

在使用吊篮设备进行操作的施工现场下方，必须禁止无关人员擅自入内，并将标识放在容易看到的地方。

8. 禁止在恶劣天气下操作

在大风（10 min 内的平均风速为 10.8 m/s 以上）、大雨（阵雨降雨量为 5.0 mm 以上）、大雪（阵雪积雪量为 25 mm 以上）、大雾等恶劣天气情况下，要停止操作。

9. 保持亮度

在暗处操作时，要准备好安全操作所需的照明设施（照度不小于 150 lx）。

⚖ 规章制度

（1）一般吊篮应由两人协同进行作业，一人操作升降时，另一人协助观察行程范围内的障碍物情况、平台的倾侧情况等（除吊椅、单人吊篮外）。

（2）除直接作业人员外，施工现场应指定专门人员（如值班的安全管理人员、架设人员、机修人员等）负责在吊篮发生故障等危急情况时进行妥善处理（或指挥妥善处理），该人员至少必须具备有关条文中规定的资格，且具有更熟练、更全面的技术知识和安全知识。

（3）建议佩戴当班标记。建议当天当班的作业人员、架设人员、管理人员除应随身携带安全生产监督管理部门颁发的特种作业操作证外，还应佩戴当天发的当班标记，以便当班前对具有资格的人员进行进一步审定。

（4）上下吊篮时禁止跳上跳下。一定要在吊篮着地放稳后，方可上下。要求从有阶梯和扶手的地方上下吊篮。

（5）防止发生伤害他人的事故。操作中使用的用具等要用工具安全带系在安全带上。

（6）禁止放开制动器。除了紧急情况用手动摇柄操作外，不得放开制动器，否则吊篮有可能出乎意料地下降，并造成人身伤亡事故或其他重大事故。

（7）发现异常时禁止运转。正在使用的吊篮设备如果发生异常振动、异常声音、异常气味，应立即停止使用，并切断电源，立即与有关部门联系修理。

（8）通电时禁止触摸控制盘等处。通电时绝对不得触摸控制盘等电气部位，否则有触电的危险。

（9）禁止连接电气仪气等。吊篮设备的电气部件上不得连接其他电气仪器等，否则容易发生故障。

（10）操作上的注意事项。不要同时按动两个以上的开关。

（11）超速锁。该装置已由生产厂家在出厂前按行业标准规定的试验条件对其技术性能和各项参数调节测试好，严禁非专业人员随便启动和拨弄，更不得擅自拆装。

（12）当吊篮平台运行时，作业人员不得进行施工操作；并应密切注意周围的情况，发现异常应立即切断电源。

（13）在吊篮上进行电焊作业时，应做好绝缘保护措施，不得将钢丝绳作为电焊接地线使用。

学习心得

第十八条 作业吊篮悬挂机构架设的安全要求

你这摔得很严重啊，怎么回事啊？

已经查明了，你们使用的吊篮吊具属于不合格产品，现在正在通过法律渠道解决，你安心养伤吧！

哎！我从事高处作业的，吊篮悬挂机构出问题了，摔下来了！

知识培训

1. 各种悬挂机构通用的安全要求

（1）钢丝绳的材质

钢丝绳的材质应符合国标《圆股钢丝绳》的有关技术标准。当作业吊篮采用卷扬机作为提升机构时，其钢丝绳的材质应符合起重机构关于卷扬机钢丝绳材质（GB 1102）的有关规定；当作业吊篮采用爬升机作为提升机构时，其钢丝绳的材质应符合 GB 8902 的有关规定。

（2）吊索与安全索的直径

选择吊索与安全索的直径时，应确保其具有必要的安全系数 K，即：

$$S \geqslant KG/N$$

式中，S 为所选钢丝绳的额定最低破断拉力，该值应标注在检验合格证明单上，N；K 为规定的最低安全系数，对于动力升降吊篮，$K \geqslant 9$；G 为钢丝绳上悬挂的总载荷，N；N 为同时承受该总载荷的钢丝绳数。

任何情况下，所选用的吊索与安全索的直径均应符合以下规定：用于动力升降吊篮时，不小于 8 mm（当每一个吊篮平台两端各用 2 根吊索时，则可不小于 6 mm）；用于人力升降吊篮时，不小于 6 mm。

（3）其他用途的钢丝绳直径

选择时应确保其具有必要的安全系数 K，即符合公式 $S \geqslant KG/N$ 的要求。而对 K 值的规定，则根据用途不同而作不同的要求。

当使用栓索将吊臂顶部固定于建筑物上，而承受吊索载荷的分力时，其安全系数应不小于 6。

当钢丝绳用作悬挂机构的防倾栓索，或用作吊篮平台沿悬轨横移的牵索，或用作屋面悬挂支架的捆索，或用作防止吊篮平台摆动的约束索等时，其安全系数应不小于 3。而且用作捆索的最小直径应不小于 6 mm。

（4）使用钢丝绳时的注意事项

1）解开成卷的钢丝绳时应使绳顺行，以免因扭结、变形而影响使用。

2）存放钢丝绳时，应保持干燥，应尽量成卷排列，避免重叠堆放。当钢丝绳用作吊篮吊索时，如果采用卷扬机作为提升机构，应定期加润滑油。

3）钢丝绳端头应不致松散。其强度至少应不低于该钢丝绳额定最低破断拉力的 80%。当吊篮平台采用动力提升或其长度大于 3.2 m 时，应采用端部带鸡心环的钢丝绳作吊索。

4）使用钢丝绳时，在某些可能与硬性物体（如钢构件或建筑物）发生摩擦或遭受尖锐棱角损伤的部位，均应衬以木板、橡胶或麻袋等软垫，并应使钢丝绳在不受载时，其衬垫也不致脱落。

5）使用钢丝绳时，应按 GB 5972《起重机械用钢丝绳检验和报废实用规范》的要求进行检验，以防因腐蚀、磨损、断丝而破断。

2. 使用通用吊具的要求

吊篮悬挂机构中所用通用吊具，包括吊钩、卡环、鸡心环和钢丝绳夹头等。通用吊具选用时，可根据产品说明书或参考书中有关起重机章节提出的资料选用。此外，还应注意以下几点。

（1）产品合格

所选用的产品必须是经检验合格者，且应标明额定荷重量。对一时无法确定者，应以 1.25 倍荷重作静荷试验，加载时间应不短于 10 min，应无任何永久变形或断裂等损伤（吊钩钩口开度变形不应超过 0.25％）。

（2）检查验收

在使用前和使用过程中，均应按有关验收、检查的要求进行检验，以防因吊具本身的质量问题、连接安装不牢固或使用中产生损伤而发生意外事故。

3. 专用悬挂机构强度与刚性要求

专用悬挂机构，包括前述各种形式的钢或铝合金悬挂机构及其轨道、锚固件等应根据使用的具体条件，可能承受的各种载荷及相应的安全系数，进行应力和变形的计算或测试。

学习心得

知识培训

（1）对所使用的吊篮设备，除在架设后经指定人员核查、验收，具有核查合格的通知单或标牌外，每班或每天开始工作前还应根据现场安全设施、天气条件等主要环节对吊篮设备进行日常检查（内容可按使用说明书规定）。检查后确认符合作业条件，才可正式投入作业（建议：对经过检查准予投入使用的吊篮应挂标牌明示）。在作业期间，未经主管人员核准，不得擅自拆除任何装置，或使之脱离正常工作状态。

（2）吊篮架设的位置处，应考虑供作业人员安全进出平台的通道；当必须从屋面经过时，必须将平台提升至屋面位置，而且同时只能有一人进出；当并列的相邻吊篮平台相互间无任何连接和扶栏时，不容许作业人员从一平台跨入另一平台。

（3）作业人员应按规定穿戴劳动防护衣、帽、鞋，系安全带等。安全帽应扣紧，以防坠落致使下面的人员受到伤害；当采用带腐蚀性的化学清洗剂，有溅落伤人的危险时，更应选用适合的防护用品；作业人员还应按规定佩戴安全背带，该背带应扣于规定的部位（为使人身安全更有保证，建议背带一端设专门的夹具，扣于单独悬挂于建筑、物构筑物牢固部位的人身安全绳上；当作业人员随平台提升时，该夹具可沿安全绳上移。正常下降时需放松夹具才能下降，人员不慎坠落时则能靠夹具夹紧于安全绳上）。

（4）操纵吊篮平台的人员应按规定的站位进行操纵，平台上的荷重应尽量均匀分布。

（5）平台上的作业人员不应有鲁莽或大意的行为，或制造任何可能发生伤害事故的环境。特别应注意可能妨碍平台升降的建筑结构外伸部位或物体，并作出适当的处理。

（6）吊篮平台都应基本保持水平升降（倾角不应大于规定的要求）；尤其当吊篮平台采用固接的吊框悬挂时，更应符合规定要求，勿使平台承受不能适应的纵向作用力。

（7）吊篮平台作上、下或左、右运动时，操纵人员应当注意警告附近人员避让；在允许的条件下，最好设置专门的声响信号装置和扩音装置。

（8）在正常运行状态下，既不应使用手动制动器控制平台的下降，也不应随意拆卸各种装置的护罩、封门，更禁止在平台悬挂空中时拆卸任何装置。当平台运行至行程一端触及限位器而停止运动时，应随即操纵平台反向运动，以脱离与限位器的接触。

（9）当吊篮出现故障，自动制动装置失效时，应利用手刹车停住平台。需下降时，可采用手刹装置使平台缓慢下降；需提升时，则可采用一边松开手动制动器，一边摇动手摇柄提升吊篮平台的方法。但应注意防止因不慎脱手而未及时刹住平台的危险。

（10）当吊篮作业中发生故障，发现不正常的迹象时，作业人员在可能的条件下，应与指定的人员取得联系，并在其指挥下按规定的处理程序进行妥善处理。

（11）当作业中遇停电时，应立即关闭电源开关，以防恢复供电时未注意而发生意外。

（12）除平台上直接操纵移位外，屋面悬挂机构的移位应由指定人员进行，并应先放下平台，在平台上无人的情况下再移位。

（13）当作业中遇恶劣天气，超出规定的使用条件时，应立即停止使用，并与指定的管理人员取得联系，对吊篮有关装置、设备的安全性进行检查，进行防护处理。

学习心得

第二十条 座式登高板作业安全要求

知识培训

座式登高板是通过工作绳，由绳索活络结的松动，沿建筑物立面作向下滑行的装置。座式登高板的安全要求有以下几点。

（1）安装座式登高板的建筑物应符合 GBJ 9 的规定。

（2）座式登高板中的座板断裂载荷：单人应大于 4 400 N；双绳悬挂时，悬挂绳的破坏负荷应大于 22 000 N。

（3）生命绳的破坏负荷应大于 23 534.4 N。当建筑物高度大于 70 m 时，生命绳的负荷应考虑它自身的重量，且承载后其安全系数应大于 10。

（4）用于系挂作业人员的安全带的安全绳的破坏负荷应大于 23 600 N，且承载后安全系数应大于 10。

1）安全带、安全绳和金属配件的破坏负荷指标应符合国家标准要求。

2）腰带必须是整根带子，其宽度为 40～50 mm，长度为 1 300～1 600 mm。

3）护腰带的宽度不小于 80 mm，长度为 600～700 mm。带子接触腰部分垫有柔软材料，外层用织带或轻革包好，边缘圆滑无角。

4）安全绳的直径不小于 13 mm，捻度为 8.5～9 花/100 mm。吊绳的直径不小于 16 mm，捻度为 7.5 花/100 mm。吊绳不加套。绳头要编成 3～4 道加捻压股插花，股绳不准有松紧不均。

5）金属钩必须有保险装置。

6）金属配件表面光洁，不得有麻点、裂纹；边缘呈圆弧形；表面必须防锈。不符合上述要求的配件，不准装用。

7）金属配件圆环、半圆环、三角环、8 字环、品字环、道联，均不许焊接，边缘均应成圆弧形。调节环只允许对接焊。

（5）安全带的使用和保管

1）安全带应高挂低用，注意防止摆动碰撞。使用 3 m 以上长绳时应加缓冲器，自锁钩用吊绳例外。

2）既不准将绳打结使用，也不准将钩直接挂在安全绳上使用，应挂在连接环上使用。

3）安全带上的各种部件不得任意拆掉。更换新绳时要注意加绳套。

4）安全带使用两年后，按批量购入情况抽验一次。对抽验过的样带，必须更换安全绳后才能继续使用。

5）使用频繁的绳，要经常做外观检查。发现异常时，应立即更换新绳。带子的使用期为 3～5 年，发现异常应提前报废。

操作标准

1. 施工前

（1）安全检查员必须亲自检查高空悬吊施工人员的安全准备情况。

（2）座式登高板作业人员应先扣安全带，后坐进吊板，再开始按作业的程序操作。

（3）作业人员在施工或定点操作前，必须按规定着装。

2. 施工中

（1）每一次高空悬吊施工前，安全检查员都必须按安全准备情况的内容仔细地、认真地再检查一遍。待安全检查员确认安全后，作业人员方可悬吊施工。

（2）作业区域下方应设置警戒线，并在醒目处设置"禁止入内"标志牌。

（3）不允许将绳索连接后使用。

（4）作业人员发现事故隐患或者不安全因素时，有权要求使用单位采取相应的劳动保护措施。若使用单位管理人员违章指挥，强令冒险作业，作业人员有权拒绝执行。

（5）座式登高板的吊绳应反兜座板底面，以防座板断裂时人员坠落。

（6）座式登高板的工作绳绳扣应系死结，生命绳的结点不得与工作绳结扎在同一受力处。

（7）座式登高板的下滑扣应保证作业时不会脱落；作业时应妥善保管好施工工具，防止高空坠物。

3. 施工后

（1）施工结束，必须仔细、认真检查。

（2）发现不安全因素，应立即停工整改，直至符合安全操作的要求，并应得到专职安全生产检查人员的确认后，才能再开工。

学习心得

_____

_____

_____

_____

_____

_____

第二十一条 作业吊篮平台及其安全要求

知识培训

（1）篮架两端可各采用 1 根或 2 根纤维绳通过滑车等装置人力升降，或采用 1 根或 2 根钢丝绳通过动力机械装置升降，并配以相应的悬挂机构以适应其悬挂、升降或移位的要求。通常篮架长不超过 3.2 m，可采用纤维绳人力升降；若篮架长超过 3.2 m，必须采用钢丝绳悬挂。

（2）篮架长不超过 2 m 时，一般均布额定载重量为 225 kg；篮架长为 2～3.2 m 时，一般均布额定载重量为 300 kg。当篮架仅供单人作业时，设计时应按全部载重量集中于篮架一端进行计算；当篮架供 1 人以上作业时，则可按额定载重量的 75% 作为一端的载重量进行计算。

（3）篮架的净作业宽度通常不小于 400 mm。

（4）对篮架护栏、挡脚板、底板等的要求见"规章制度"的有关部分。

（5）篮架的设计可靠性核查应包括：以额定载重量的 2 倍均匀加载于篮架平台上，应不致使任何承载件遭受破坏；使 4.5 kg 的沙袋从 1.2 m 高度坠落于平台任何部位的 25 mm^2 面积处，以及 25 kg 的沙袋从 1.2 m 的高度坠落于平台的任何部位，该两项冲击试验的结果均不应造成任何破坏。

在护栏中央悬挂 50 kg 沙袋，以及使篮架从水平位置倾侧 30°，该两项试验的结果均不应造成任何破坏。

（6）每台篮架在出厂前或投入使用前，还应挂在固定的挂钩上（不能采用绳索），以额定载重量的 1.25 倍均匀加载于平台上，所有零件均不应产生永久变形、裂纹等缺陷。

⚖ 规章制度

（1）采用钢、铝合金板作底架铺板时，应考虑防滑要求，如采用花纹板等。

（2）在底架上采用木铺板时，应采用 38 mm 以上厚度的杉木或相当性能的木材。禁止使用腐朽、扭曲、斜纹、破裂和带大横透节的木板。

（3）敷设铺板时，应使铺板紧靠，相邻铺板的间隙不应大于 5 mm。铺板应牢固固定，以免发生意外移位。木铺板两端挑出吊框外的长度应为 100～200 mm。

（4）平台四周应设不低于 1.1 m 高的护栏。近墙一侧，为便利作业，护栏高度可略降低至不低于 0.8 m 左右。护栏应牢固地固定在平台两端的吊框上，并应予锁定，以防脱出或变形。护栏上如需开设出入口，其门应向内开，并应设有防止其意外开启的装置。

（5）底板四周应设不低于 150 mm 的挡脚板，挡脚板与底板间的空隙应不大于 5 mm。栏杆下缘与挡脚板顶部的空隙应不大于 760 mm，必要时可在该处加设金属安全网。

（6）吊篮平台的工作面积不超过 1 m²，允许采用单索悬挂；超过 1 m²，必须在两端各有 1 根或 1 根以上独立的吊索。其悬挂位置必须保证吊篮平台及其载荷的重心处于两端悬挂点之间。

（7）吊篮平台近墙一侧应设有防护衬垫或撑轮，以防其损伤建筑物。

（8）一般不宜在平台外侧或顶部加设遮板、遮篷。如果确实因为安全防护所需而加设时，也应避免采用全封闭的结构，以免受风面积较大使吊篮平台受风后产生晃动，或因妨碍作业人员视野而影响平台升降时的安全。

(9) 在吊篮平台的显眼处，必须设置清晰而不易锈蚀的标志，以标明该平台的额定载重量和允许同时作业的人数。

(10) 对于升降高度超过 20 m 的吊篮平台，建议设置与地面及屋面通信的设备，并配置机械式警报装置。对于可能着火的场合，必须在吊篮平台上设置灭火器。

学习心得

知识培训

通道口、预留洞口、楼梯口、电梯井口俗称"四口"，必须按照《建筑施工高处作业安全技术规范》（JGJ 80—1991）和《工程建设标准强制性条文》（房屋建筑部分）的规定，在临边和洞口设置防护栏杆、安全网、盖件和防护棚等。临边和洞口防护的基本做法如下。

1. 楼梯口、电梯井口防护

（1）楼梯口（边）设置高 1.2 m 的防护栏杆和高 30 cm 的踢脚杆，杆件里侧挂密目式安全网。

（2）电梯井口设置高 1.2～1.5 m 的防护栅门（门栅网格的间距不大于 15 cm），其中底部 18 cm 为挡脚板。

（3）电梯井内自两层楼面起不超过两层（不大于 10 m）拉设一道安全平网。平网内无杂物，网与井壁间隙不大于 10 cm。

（4）电梯井口、楼梯口（边）的防护设施应定型化、工具化，牢固可靠，防护栏杆漆刷黄黑或红白相间色。

2. 预留洞口、坑井防护

（1）1.5 m² 以内的预留洞口、坑井用固定盖板防护，盖板上刷黄或红色标志漆；1.5 m² 以上的洞口，四周设高 18 cm 的踢脚杆和高 0.6 m、1.2 m 的两道水平栏杆，栏杆里侧用密目式安全网围护，洞口处张挂水平安全网。

（2）洞口、坑井防护设施应定型化、工具化，不得采用竹片式防护。

3. 通道口防护

（1）进出建筑物主体的通道口、井架或物料提升机井口处、外用升降机进口处等均应搭设防护棚。棚宽应大于通道口，两端应各长出 1 m，垂直长度为 2 m。棚顶搭设两层（采用脚手板的，铺设方向应互相垂直），间距应大于 30 cm。

（2）场地内、外道路中心线与建筑物（或外架）的边缘距离分别小于 5 m 和 7.5 m 的，应搭设通道防护棚。棚顶搭设两层（采用脚手板的，铺设方向应互相垂直），间距应大于 30 cm，并且底层下方张挂安全平网。

（3）砂浆机、搅拌机和钢筋加工场地等应搭设简易防护棚。

（4）各类防护棚应有单独的支撑装置，固定可靠安全，严禁用毛竹搭设，且不得悬挑在外架上。

（5）非建筑物通道口的底层处应采取禁止出入（通行）措施和设置禁行标志。

4. 阳台、楼板、屋面等临边防护

（1）阳台、楼板、屋面等临边应设置高 1.2 m 和 0.6 m 的两道水平栏杆，并在立杆里侧用密目式安全网封闭，防护栏杆漆黄黑或红白相间色。

（2）防护栏杆等设施与建筑物固定拉结，确保防护设施安全可靠。

⚖ 数据查询

（1）采用毛竹作为防护栏杆杆件时，横杆的最小有效直径不应小于 70 mm，栏杆柱的最小有效直径应不小于 80 mm，用不小于 16 号的镀锌钢丝进行绑扎连接，有效承载圈数不少于 3 圈。

（2）采用原木作为防护栏杆杆件时，上杆的最小有效直径应不小于 70 mm，下杆的最小有效直径应不小于 60 mm，栏杆柱的最小有效直径应不小于 75 mm，用相应长度的钢钉或不小于 12 号的镀锌钢丝进行搭接连接，用镀锌钢丝时有效承载圈数不少于 3 圈。

（3）采用钢筋作为防护栏杆杆件时，上杆直径应不小于 16 mm，下杆直径应不小于 14 mm，栏杆柱直径应不小于 18 mm，可用焊接方式进行连接。

（4）采用脚手架钢管作为防护栏杆杆件时，横杆及栏杆柱可采用 $\phi48 \times 3.5$ 或 $\phi51 \times 3.0$ 的管材，以扣件、焊接、定型套等方式进行固定连接。

（5）采用其他钢材作为防护栏杆杆件时，应选用强度相当的规格，以螺栓、销轴或焊接等方式进行固定连接。

学习心得

第二十三条 使用劳动防护用品的注意事项

知识培训

　　在工作场所必须按照要求佩戴和使用劳动防护用品。劳动防护用品是根据生产工作的实际需要发给个人的，每个职工在生产工作中都要好好地应用它，以达到预防事故、保障个人安全的目的。

　　1. 使用劳动防护用品的注意事项

　　（1）选择劳动防护用品时应针对防护目的，正确选择符合要求的用品，绝不能选错或将就使用，以免发生事故。

　　（2）对使用劳动防护用品的人员应进行教育和培训，使其能充分了解使用目的和意义，并正确使用。对于结构和使用方法较为复杂的用品，如呼吸防护器，应进行反复训练，使人员能熟练使用。用于紧急救灾的呼吸器，要定期严格检验，并妥善存放在可能发生事故的地点附近，方便取用。

　　（3）妥善维护、保养劳动防护用品，不但能延长其使用期限，更重要的是能保证用品的防护效果。耳塞、口罩、面罩等用后应用肥皂、清水洗净，并用药液消毒、晾干。过滤式呼吸防护器的滤料要定期更换，以防失效。防止皮肤污染的工作服使用后应集中清洗。

　　（4）劳动防护用品应有专人管理及负责维护保养，以保证其充分发挥作用。

　　2. 劳动防护用品的选用原则

　　（1）根据国家标准、行业标准或地方标准选用。

　　（2）根据生产作业环境、劳动强度，以及生产岗位接触有害因素的存在形式、性质、浓度（或强度）和劳动防护用品的防护性能进行选用。

（3）穿戴要舒适方便，不影响工作。

规章制度

　　劳动保护用品的发放和管理，坚持"谁用工，谁负责"的原则。施工作业人员所在企业（包括总承包企业、专业承包企业、劳务企业等，下同）必须按国家规定免费发放劳动保护用品，更换已损坏或已到使用期限的劳动保护用品，不得收取或变相收取任何费用。劳动保护用品必须以实物形式发放，不得以货币或其他物品替代。

　　企业采购、个人使用的安全帽、安全带及其他劳动防护用品等，必须符合《安全帽》（GB 2811—2007）、《安全带》（GB 6095—2009）及其他劳动保护用品相关国家标准的要求。企业、施工作业人员不得采购和使用无安全标记或不符合国家相关标准要求的劳动保护用品。

操作标准

　　建筑施工企业必须根据作业人员的施工环境、作业需要，按照规定配发劳动保护用品，并监督其正确佩戴使用。

　　（1）施工现场的作业人员必须戴安全帽、穿工作鞋和工作服；特殊情况下不戴安全帽时，长发者从事机械作业必须戴工作帽。

　　（2）雨期施工应提供雨衣、雨裤和雨鞋，冬季严寒地区应提供防寒工作服。

（3）从事无可靠安全防护设施的高处作业时，必须系安全带。

（4）从事电钻、砂轮等手持电动工具作业时，操作人员必须穿绝缘鞋、戴绝缘手套和防护眼镜。

（5）从事蛙式夯实机、振动冲击夯作业时，操作人员必须穿具有电绝缘功能的保护足趾安全鞋、戴绝缘手套。

（6）从事可能飞溅渣屑的机械设备作业时，操作人员必须戴防护眼镜。

（7）从事脚手架作业时，操作人员必须穿灵便、紧口的工作服及系带的高腰布面胶底防滑鞋，戴工作手套，高处作业时，必须系安全带。

（8）从事电气作业时，操作人员必须穿电绝缘鞋和灵便、紧口的工作服。

（9）从事焊接作业时，操作人员必须穿阻燃防护服、电绝缘鞋、鞋盖，戴绝缘手套和焊接防护面罩、防护眼镜等劳动防护用品。

（10）从事塔式起重机及垂直运输机械作业时，操作人员必须穿系带的高腰布面胶底防滑鞋，穿紧口工作服，戴手套；信号指挥人员应穿专用标志服装，且在强光环境条件下作业时，应戴有色防护眼镜。

（11）从事焊接作业的操作人员的劳动防护用品还应符合下列要求：

1）在高处作业时，必须戴安全帽与面罩连接式焊接防护面罩，系阻燃安全带。

2）从事清除焊渣作业时，应戴防护眼镜。

3）在封闭的室内或容器内从事焊接作业时，必须戴焊接专用防尘防毒面罩。

⚖ 法律法规

（1）《安全生产法》规定：特种劳动防护用品应到定点经营单位或生产企业购买。特种劳动防护用品必须具有"三证"和"一标志"，即生产许可证、产品合格证、安全鉴定证和安全标志。

（2）2007 年 11 月 5 日，原建设部下发了《关于印发〈建筑施工人员个人劳动保护用品使用管理暂行规定〉的通知》，《建筑施工人员个人劳动保护用品使用管理暂行规定》对建筑施工单位个人劳动保护用品管理做出了原则性规定。

学习心得

第二十四条 安全网及其支设

我感觉安全网架设有问题。

从二层楼面起设安全网，往上每隔3～4层设一道，最下一层网宽应为6 m。

我们是严格按照操作规程架设的啊！

知识培训

安全网是建筑施工安全防护的重要设施之一。安全网的设置应在施工组织设计中有明确规定和要求，技术复杂的应做单项设计。

1. 安全网的类型

安全网按悬挂方式分为垂直与水平设置两种。

（1）垂直设置

垂直设置多用于高层建筑施工的外脚手架，其外侧满挂安全网围护，一般采用细尼龙绳编制的安全网。安全网应封严，与外脚手架固定牢靠。

（2）水平安全网

水平安全网多用于多层建筑施工的外脚手架，是用直径9 mm的麻绳、棕绳或尼龙绳编制的，一般规格为宽 3 m、长6 m，网眼 5 cm 左右。每块支好的安全网应能承受不小于1 600 N的冲击荷载。

2. 安全网的设置

从二层楼面起设安全网，往上每隔 3～4 层设一道，同时再设一道随施工高度提升的安全网。要求网绳不破损、生根要牢固、绷紧、圈牢、拼接严密，网杠支杆宜用脚手钢管。网宽不小于 3 m，最下一层网宽应为 6 m。

操作标准

1. 利用外墙窗口架设的方法

目前施工中所采用的安全网大多由 ϕ9 mm 的麻绳、棕绳或尼龙绳编织成，规格一般为 6 m×3 m，网眼规格为 5 cm×5 cm。当采用里脚手架砌筑外墙时，在上一层楼层窗口墙内放置一根横杆，与安全网的内横杆绑扎牢固，安全网外横杆与斜杆上端连接，斜杆下端与一根横杆相接，并与下层窗口墙内横杆绑扎牢固。对于无窗口的山墙，可在墙角内设立立杆来架设安全网或在墙体内预埋"Ω"形钢筋环来支承斜杆，或者采用穿墙钢管加转卡来支承斜杆。安全网的斜杆间距一般应不大于 4 m。

钢吊杆通常采用 12 mm 的钢筋制作，长 1 560 mm。在吊杆上端弯一直弯钩，用来挂在预埋入墙体的销片上，在直角弯钩的另一侧平焊一个 12 mm 的挂钩，用来拴住安全网，在挂钩下端焊接一个拉尼龙绳的圆环。钢吊杆下端焊接一个可装设斜杆的活动铰座和靠墙支座，靠墙支座要能够保证吊杆稳定和受到坠物作用力时不发生旋转。斜杆用两根 ∟25 mm×4 mm 的角钢焊成方形，长 2 800 mm，顶端也焊一个 φ12 mm 挂钩用来挂住安全网。在斜杆中间焊接一个挂尼龙绳的环，底端用 M12 螺栓与吊杆的底端铰支座连接。装设这种工具式结构时，可通过挂在吊杆和斜杆上尼龙绳的长度来调节斜杆的倾斜度。吊杆沿着建筑物的外墙进行设置，间距一般为 3～4 m。

2. 利用钢吊杆架设安全网

无窗口的墙可采用钢吊杆架设安全网。在墙面预留洞，穿入销片用销子楔紧，销片上有 φ14 mm 孔，以便挂吊杆安全网。

钢吊杆为 12 mm 钢筋，长约 1.56 m，其上端弯钩，弯钩背面焊一挂钩以挂安全网；其下端焊有装设斜杆的活动铰座和靠墙支脚。在靠近上端弯钩处还焊有靠墙板和挂尼龙绳的环，靠墙板的作用是保证吊杆受力后不发生旋转。吊杆间距一般为

3～4 m。

3. 首层大跨度安全网

首层大跨度安全网既可用杉篙斜撑搭设，也可采用一边设钢立柱的架设做法。

4. 高层建筑施工安全网

对于高层建筑施工，如果采用在外墙面满搭外脚手架，应当沿脚手架外立杆的外侧满挂密目式安全网，由下往上的第一步架应当满铺脚手板，每一作业层的脚手板下应沿水平方向平挂安全网，其余每隔4～6层加设一层水平安全网。

如果采用吊篮或悬挂脚手架施工，除顶面和靠墙面外，在其他各面应满挂密目安全网，在底层架设宽度至少为 4 m 的安全网，其余每隔4～6层挑出一层安全网；如果采用悬挑脚手架施工，当悬挑脚手架升高以后，不拆除悬挑支架，加绑斜杆钩挂安全网。

学习心得

_____

_____

_____

_____

_____

_____

_____

第二十五条 防坠落安全带及其使用

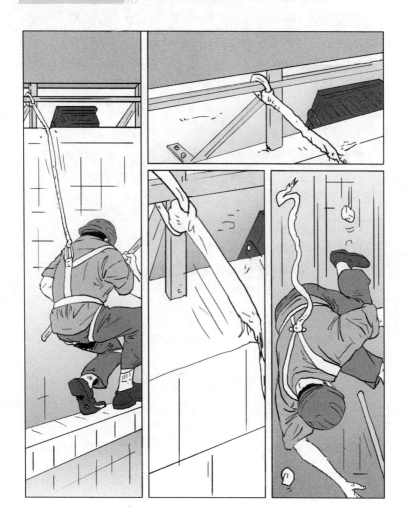

知识培训

防坠落安全带作为作业人员预防坠落伤害的个人防护用品，其作用就是：当坠落事故发生时，使作用在人体上的冲击力小于人体的承受极限。通过合理设计安全带的结构、选择适当的材料、采用合适的配件，可以实现安全带在冲击过程中吸收冲击能量，减少作用在人体上的冲击力，从而预防和减轻冲击事故对人体产生的伤害。

安全带必须用锦纶、维纶、蚕丝等具有一定强度的材料制成。此外，用于制作安全带的材料还应具有质量轻、耐磨、耐腐蚀、吸水率低和耐高温、抗老化等特点。电工围杆带可用黄牛皮带制成。金属配件用普通碳素钢、铝合金等具有一定强度的材料制成。包裹绳子的绳套要用皮革、人造革、维纶或橡胶等耐磨、抗老化的材料制成。电焊时使用的绳套应阻燃。防坠落安全带由以下几个部分组成。

1. 安全绳

安全绳是安全带上防止人体坠落的系绳。

2. 吊绳

吊绳是装有自锁钩的绳，将其预先垂直、水平或倾斜挂好，自钩锁可在其上自由移动，长度可调。

3. 围杆带、围杆绳

围杆带、围杆绳是电工、电信和园林等工程施工人员在杆上作业时使用的带子或绳子。

4. 护腰带

护腰带是缝有柔软型材料，附在腰带上，保护作业人员腰部的带子。

5. 金属配件

金属配件由普通碳素钢、铝合金等材料制成，在安全带上起连接和悬挂作用。

6. 自锁钩

自锁钩是带有自锁装置的钩。它的工作原理是：自锁钩在冲击力的作用下动作，卡齿卡住吊绳，阻止人体继续坠落。

7. 缓冲器

缓冲器是缓解冲击的装置。它的工作原理是：当发生坠落时，其内部结构发生改变，通过摩擦、局部变形和破坏来吸收一部分能量，从而减少人体受到的冲击力。防坠落安全带与缓冲器配合使用时，一般可使冲击力下降 40%～60%。

8. 防坠器

它也叫速差式自控器。它的工作原理是：利用速差进行控制，当绳索的拉出速度小于 1 m/s 时，在自控器内弹簧的作用下，绳索可自由伸缩；当绳索的拉出速度大于 1 m/s 时，即发生坠落时，绳子带动圆盘快速转动，使负责制动功能的棘爪由于惯性作用立即卡住转动盘上的凸角，使圆盘不能再转动，绳索不能继续拉出，从而起到防止坠落的作用。

操作标准

（1）应当检查安全带是否经质检部门检验合格，在使用前应仔细检查各部分构件是否完好无损。

（2）使用安全带时，围杆绳上要有保护套，且不允许在地面上拖着绳走，以免损伤绳套影响主绳。使用安全绳时不允许打结，并且在安全绳的使用过程中不能随意将绳子加长，这样有潜在的危险。

（3）架子工单腰带一般使用短绳比较安全。如需使用长绳，以选用双背式安全带比较安全。悬挂安全带不得低挂，应高挂低用或水平悬挂，并应防止安全带的摆动、碰撞，还应避开尖锐物体。

（4）不得私自拆换安全带上的各种配件，且更换新件时应选择合格的配件。单独使用3 m以上的长绳时应考虑补充措施，如在绳上加缓冲器、自锁钩或速差式自控器等。缓冲器、自锁钩或速差式自控器既可以单独使用，也可以联合使用。

（5）作业时应将安全带的钩、环牢固地挂在系留点上，卡好各个卡子并关好保险装置，以防脱落。

（6）在低温环境中使用安全带时，应注意防止安全绳变硬、割裂。

学习心得

知识培训

1. 安全帽的组成

安全帽由帽壳、帽衬、下颏带、后箍等部件组成，其主要组成部分为帽壳和帽衬。良好的帽壳、帽衬材料，适宜的帽型与合理的帽衬结构相配合就能起到阻挡外来冲击物和缓解、分散、吸收冲击力，保护佩戴者的作用。

（1）帽壳

帽壳多采用椭圆或半圆拱形结构，表面连续光滑，可使物体坠落到帽壳上后易滑脱，其顶部一般设有加强筋，以提高抗冲击强度。在冲击过程中，允许帽壳产生少量变形，但不能触及头顶。帽壳外形不宜采用平顶形式，平顶不易使坠落物滑脱，冲击过程中的顶部变形大，易产生触顶。

（2）帽衬

帽衬是帽壳内部部件的总称，包括帽箍、顶带、护带、吸汗带、衬垫、下颏带及拴绳等。帽衬在冲击过程中起主要的缓冲作用。帽衬材料的好坏，结构的合理性与协调程度直接影响安全帽的冲击吸收性能。

2. 安全帽的工作原理

安全帽能承受压力主要是用了以下三种原理。

（1）缓冲减震作用

帽壳与帽衬之间有 25～50 mm 的间隙，当物体打击安全帽时，帽壳不因受力变形而直接影响到头顶部。

（2）分散应力作用

帽壳为椭圆形或半球形，表面光滑，当物体坠落在帽壳上时，物体不能停留，会立即滑落；而且帽壳受打击点承受的力向周围传递，通过帽衬缓冲减少的力可达 2/3 以上，其余的力经帽衬的整个面积传递给人的头盖骨，这样就把着力点变成了着力面，从而避免了冲击力在帽壳上某点应力集中，减少了单位面积受力。

（3）生物力学

国标中规定安全帽必须能吸收 4 900 N 的冲击力，这是生物学试验中人体颈椎在受力时的最大限值，超过此限值颈椎就会受到伤害，轻者引起瘫痪，重者危及生命。

⚖ 操作标准

（1）在可能从高空中（或侧面）抛物或有飞落物环境中工作的人员、高空作业者，以及需要进入这类现场的人员，都必须佩戴安全帽。

（2）材料的选用。主要应考虑承受的机械强度和作业环境，如估计坠落物件质量较大时，应选用较高强度材料制成的安全帽，在冶炼作业场所宜选用耐高温玻璃钢的安全帽，在炎热地区建筑施工时应选用通风散热较好的竹编安全帽，在严寒地区户外作业时宜选用防寒安全帽等。

（3）式样的选用。大檐（舌）帽适用于露天作业，有兼防日晒和雨淋的作用；小檐帽适用于室内、隧道、涵洞、井巷、森林、脚手架上等活动范围小、容易出现帽檐碰撞的狭窄场所。

（4）颜色的选用。应从安全心理学的角度来考虑。国际上较为通用的惯例是黄色加黑条纹表示注意警戒的标志，红色表示限制、禁止的标志，蓝色起显示作用等。一般普通工种使用的安全帽宜选用白、淡黄、淡绿等色；煤矿矿工宜选用明亮的颜色，甚至考虑在安全帽上加贴荧光色条或反光带，以便于在照明条件较差的工作场所容易被发现并引起警觉；在森林采伐场地，红、橘红色的安全帽醒目，易于相互发现；在易燃易爆工作场所，宜选用大红安全帽。有些企业采用不同颜色的安全帽，用于区分职别和工种，利于生产管理。

规章制度

1. 安全帽的正确使用

（1）首先检查安全帽的外壳是否破损（如有破损，其分解和削弱外来冲击力的性能就已减弱或丧失，不可再用），有无合格帽衬（帽衬的作用是吸收和缓解冲击力，若无帽衬，则丧失了保护头部的功能），帽带是否完好。

（2）调整好帽衬顶端与帽壳内顶的间距（4～5 cm），调整好帽箍。

（3）安全帽必须戴正，如果戴歪了，一旦受到打击，起不到减轻对头部冲击的作用。

（4）必须系紧下颌带，戴好安全帽。如果不系紧下颌带，一旦发生构件坠落打击事故，安全帽就容易掉下来，导致严重后果。

现场作业中，切记不得将安全帽脱下搁置一旁，或当成坐垫使用。

2. 安全帽的维护

（1）不能私自在安全帽上打孔，不要随意碰撞安全帽，不要将安全帽当板凳坐，以免影响其强度。

（2）安全帽不能放置在有酸、碱、高温、日晒、潮湿或化学试剂的场所，以免其老化、变质。

（3）对于热塑性塑料制的安全帽，虽可用清水冲洗，但不得用热水浸泡，更不能放入浴池内洗涤；也不能在暖气片、火炉上烘烤，以防止帽体变形。

⚖️ 法律法规

企业应根据《劳动防护用品监督管理规定》(国家安全生产监督管理总局令第 1 号）的规定对到期的安全帽进行抽查测试，合格后方可继续使用。以后每年抽验一次，抽验不合格则该批安全帽即报废。

各级安全生产监督管理部门对到期的安全帽要监督并督促企业安全技术部门检验，合格后方可使用。

学习心得

第二十七条 高温中暑及其急救

知识培训

高温作业是指在高气温或高温、高湿或强热辐射条件下进行的作业。

1. 高温作业对人体产生的影响

（1）会使体表丧失散热作用，造成体温调节紊乱。

（2）对水和电解质平衡与代谢的影响。大量出汗会使体内各种物质流失严重。

（3）对人体循环系统的影响。高温作业会造成皮肤血管扩张，大量血液流向体表，使体内温度容易向外发散。

（4）对消化系统的不利影响。高温作业时，胃肠道活动出现抑制反应，消化液分泌减弱，胃液酸度降低。

（5）对神经系统影响严重。高温作业易使作业人员的注意力、肌肉工作能力、动作准确性和协调性及反应速度降低，极易造成工伤事故。

（6）会使尿液浓缩，增加肾脏负担，对泌尿系统影响严重。

2. 中暑

中暑是高温环境下发生的一类疾病的总称。中暑的发生与周围环境温度有密切关系，一般当气温超过人体表面温度时，即有发生中暑的可能。但高温不是唯一的致病因素，中暑也与生产场所的其他气象条件，如湿度、气流和热辐射有直接关系。高处作业人员的工作环境是室外自然条件之下，在炎热的夏季极易受到高温天气的侵害，典型的职业性症状就是中暑。

中暑按发病机理可分为热射病、日射病、热衰竭和热痉挛四种类型。

操作标准

1. 中暑的预防

从很多例中暑死亡的建筑工人来看，还是工地的防暑措施没有到位所致。这些工人在出现中暑症状后，没有及时到阴凉环境休息，而是去了工棚或户外，加重了病情。即便建筑工人的身体都很好，但在出现中暑症状后，是不能"硬撑"的。

建议建筑工地应设置一个装有空调的休息室，专供中暑工人休息。一旦有建筑工人中暑后就及时送到空调房间，喝些冰水，症状严重的则应立即送往医院，这样才能避免死亡事件的发生。

预防中暑可以从以下几个方面着手：

（1）在高温环境下从事体力劳动的工人，在劳动前和劳动期间应注意休息、饮水，每日摄盐 15 g 左右。

（2）除了在热适应的头几天外，过量的盐负荷是有害的，因可致钾丢失。

（3）当气温特高时，可更改作息时间，早出工、晚收工而延长午休时间，以免因出汗过多，血容量减少而影响散热。

（4）在工作现场要增加通风降温设备。

2. 中暑患者的急救

轻度中暑患者的初期症状为头晕、眼花、耳鸣、恶心、心慌、乏力。重度中暑患者会有体温急速升高，出现突然晕倒或痉挛等现象。

对中暑患者的现场急救原则是：对于轻度中暑患者，应立即将其移至阴凉通风处休息，擦去汗液，给予适量的清凉含盐饮料，并可选服人丹、十滴水、避瘟丹等药物，一般患者可逐渐恢复；对于重度中暑患者，必须立即送往医院。

学习心得

第二十八条 触电及其急救

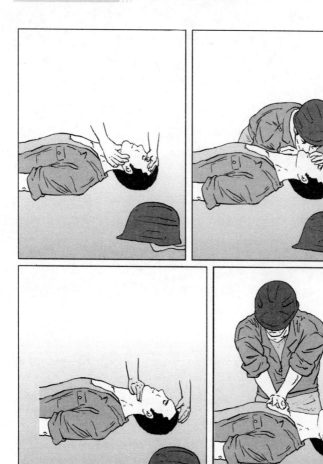

知识培训

1. 触电事故

触电事故是由电流形式的能量造成的事故。触电事故分为电击和电伤。电击是电流直接通过人体造成的伤害。电伤是电流转换成热能、机械能等其他形式的能量作用于人体造成的伤害。在触电伤亡事故中，尽管大约 85% 以上的死亡事故是由电击造成的，但其中大约 70% 含有电伤的因素。

2. 触电事故的分类

（1）电击

按照发生电击时电气设备的状态，电击分为直接接触电击和间接接触电击。直接接触电击是触及正常状态下带电的物体（如误触接线端子）发生的电击，也称为正常状态下的电击；间接接触电击是触及正常状态下不带电，而在故障状态下意外带电的物体（如触及漏电设备的外壳）发生的电击，也称为故障状态下的电击。

（2）电伤

按照电流转换成作用于人体的能量的不同形式，电伤分为电弧烧伤、电流灼伤、皮肤金属化、电烙印、机械性损伤、电光眼等伤害。其中，电弧烧伤是由弧光放电造成的烧伤，是最危险的电伤。它分为直接电弧烧伤和间接电弧烧伤。前者是带电体与人体之间发生电弧，有电流流过人体的烧伤；后者是电弧发生在人体附近对人体的烧伤，包含熔化了的炽热金属溅出造成的烫伤。电弧温度高达 8 000℃，可造成大面积、大深度的烧伤，甚至烧焦、烧毁四肢及其他部位。高压电弧和低压电弧都能造成严重烧伤，高压电弧的烧伤更为严重一些。

操作标准

1. 触电急救

触电急救的基本原则是动作迅速、方法正确。有资料指出，从触电后 1 min 开始救治者，90% 有良好效果；从触电后 6 min 开始救治者，10% 有良好效果；而从触电后 12 min 开始救治者，救活的可能性很小。发生触电事故后，应在等待医务人员的同时，对病人进行急救。

（1）脱离电源。发现有人触电后，应立即关闭开关、切断电源。同时，用木棒、皮带、橡胶制品等绝缘物品挑开触电者身上的带电物体。立即拨打报警求助电话。需防止触电者脱离电源后可能的摔伤，特别是当触电者在高处的情况下，应考虑采取防摔措施。

（2）解开妨碍触电者呼吸的紧身衣服，检查触电者的口腔，清理口腔黏液，如有假牙，则应取下。

（3）立即就地抢救。当触电者脱离电源后，应根据触电者的具体情况，迅速对症救护。现场应用的主要救护方法是人工呼吸法和胸外心脏按压法。应当注意，急救要尽快进行，不能等候医生的到来，在送往医院的途中，也不能中止急救。如果有电烧伤的伤口，应包扎后到医院就诊。

2. 口对口人工呼吸急救要领

（1）将患者置于仰卧位，施救者蹲在患者右侧，将患者颈部伸直，右手向上托患者的下颌，使患者的头部后仰。这样，患者的气管能充分伸直，有利于人工呼吸。

（2）清理患者口腔，包括痰液、呕吐物及异物等。

（3）用身边现有的清洁布质材料（如手绢、小毛巾等）盖在患者嘴上，防止传染病。

（4）左手捏住患者鼻孔（防止漏气），右手轻压患者下颌，把口腔打开。

（5）施救者自己先深吸一口气，用自己的口唇把患者的口唇包住，向患者嘴里吹气。吹气要均匀，要长一点儿（像平时长出一口气一样），但不要用力过猛。吹气的同时用余光观察患者的胸部，如果看到患者的胸部膨起，表明气体吹进了患者的肺脏，吹气的力度合适；如果看不到患者胸部膨起，说明吹气力度不够，应适当加强。吹气后抬起头，待患者膨起的胸部自然回落后，再深吸一口气重复吹气，反复进行。

（6）对一岁以下婴儿进行抢救时，施救者要用自己的嘴把孩子的嘴和鼻子全部都包住进行人工呼吸。对婴幼儿和儿童施救时，吹气力度要减小。

（7）每分钟吹气 10～12 次。

学习心得

第二十九条　高处坠落及其急救

知识培训

在高处作业安全事故中时常出现施工人员的高处坠落，其伤害属于高速高能量损伤，多复杂严重，以开放伤、内脏器官损伤的多发伤为其特点。发生骨折的患者也常是多发骨折和多处骨折。这时对患者不正确的救治往往会加重损伤，引发严重而不可挽回的后果。急救高处坠落人员应遵循以下原则。

（1）去除伤员身上的用具和口袋中的硬物。

（2）在搬运和转送过程中，颈部和躯干不能前屈或扭转，而应使脊柱伸直。绝对禁止一个抬肩一个抬腿的搬法，以免发生或加重截瘫。

（3）创伤局部妥善包扎，但对有颅底骨折和脑脊液漏患者切忌作填塞，以免导致颅内感染。

（4）对于颌面部伤员，首先应保持其呼吸道畅通，摘除假牙，清除移位的组织碎片、血凝块、口腔分泌物等，同时松解伤员的颈、胸部纽扣。若舌已后坠或口腔内异物无法清除时，可用 12 号粗针穿刺环甲膜，维持呼吸，尽可能早作气管切开。

（5）对于复合伤伤员，要求其处于平仰卧位，保持呼吸道畅通，解开衣领扣。

（6）对于周围血管伤，压迫伤部以上动脉至骨骼。直接在伤口上放置厚敷料，绷带加压包扎以不出血和不影响肢体血液循环为宜，常有效。当上述方法无效时可慎用止血带，原则上尽量缩短使用时间，一般以不超过 1 h 为宜，并做好标记，注明上止血带时间。

（7）有条件时应迅速给予伤员静脉补液，补充血容量。应快速、平稳地送医院救治。

⚖ 操作标准

1. 骨折固定

（1）在处理开放性骨折时，局部要做清洁消毒处理，并用纱布将伤口包好，严禁把暴露在伤口外的骨折端送回伤口内，以免造成伤口污染和再度刺伤血管与神经。

（2）对于大腿、小腿、脊椎骨折的伤者，一般应就地固定，不要随便移动伤者，不要盲目复位，以免加重损伤程度。如果上肢受伤，可将伤肢固定于躯干；如果下肢受伤，可将伤肢固定于另一健肢。

（3）骨折固定所用的夹板长度与宽度要与骨折肢体相称，其长度一般以超过骨折上下两个关节为宜。

（4）固定用的夹板不应直接接触皮肤。固定时可将纱布、三角巾、毛巾、衣物等软材料垫在夹板和肢体之间，特别是夹板两端、关节骨头突起部位和间隙部位可适当加厚垫，以免引起皮肤磨损或局部组织压迫坏死。

（5）固定、捆绑的松紧度要适宜，过松达不到固定的目的，过紧影响血液循环，导致肢体坏死。固定四肢时，要将指（趾）端露出，以便随时观察肢体血液循环情况。如果出现指（趾）苍白、发冷、麻木、疼痛、肿胀、甲床青紫等症状时，说明固定、捆绑过紧，血液循环不畅，应立即松开，重新包扎固定。

（6）对四肢骨折进行固定时，应先捆绑骨折端处的上端，后捆绑骨折端处的下端。如果捆绑次序颠倒，则会导致再度错位。上肢固定时，肢体要屈着绑（屈肘状）；下肢固定时，肢体要伸直绑。

2. 正确搬运病人

针对高处坠落人员的不同伤情，应采用不同的搬运法。

（1）脊柱骨折伤员的搬运

对于脊柱骨折的伤员，一定要用木板做的硬担架抬运。应由 2～4 人搬运，使伤员成一线起落，步调一致。切忌一人抬胸，一人抬腿。将伤员放到担架上以后，要让他平卧，腰部垫一个靠垫，然后用 3～4 根皮带把伤员固定在木板上，以免在搬运中滚动或跌落，造成脊柱移位或扭转，刺激血管和神经，使下肢瘫痪。无担架、木板，需众人用手搬运时，抢救者必须有一人双手托住伤者腰部，切不可单独一人用拉、拽的方法抢救伤者，否则易把伤者的脊柱神经拉断，造成下肢永久性瘫痪的严重后果。

（2）颅脑伤昏迷者的搬运

搬运时要有两人以上，且重点保护头部。将伤员放到担架上时，采取半卧位，使其头部侧向一边，以免呕吐物阻塞气道而窒息。如果有暴露的脑组织，应加以保护。抬运前，伤员头部给以软枕，膝部、肘部应用衣物垫好，头、颈部两侧垫衣物以使颈部固定，防止来回摆动。

（3）颈椎骨折伤员的搬运

搬运时，应由一人稳定伤员头部，其他人协调力量将其平直抬到担架上；伤员头部左右两侧用衣物、软枕加以固定，防止左右摆动。

（4）腹部损伤者的搬运

严重腹部损伤者，多有腹腔脏器从伤口脱出，可采用布带、绷带做一个略大的环圈盖住加以保护，然后固定。搬运时采取仰卧位，并使其下肢屈曲，防止腹压增加而使肠管继续脱出。

如果伤员伤势不重，可采用扶、掮、背、抱的方法将伤员运走。

（1）单人扶着行走

左手拉着伤员的手，右手扶住伤员的腰部，慢慢行走。此法适用于伤势不重、神志清醒的伤员。

（2）肩膝手抱法

伤员不能行走，但上肢还有力量，可让伤员用手臂钩在搬运者颈上。此法禁用于脊柱骨折的伤员。

（3）背驮法

先将伤员架起，然后背着走。

（4）双人平抱着走

两个搬运者站在同侧，抱起伤员走。

学习心得

_____

_____

_____

_____

_____

_____

_____

_____

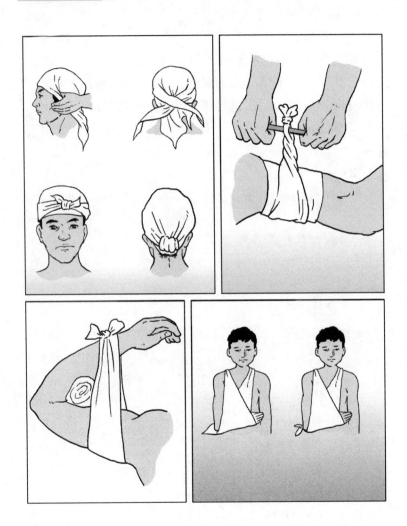

133

知识培训

1. 常用的绷带包扎法

（1）环形法

将绷带按环形重叠缠绕。第一圈环绕稍作斜状，第二、三圈作环形，并将第一圈的斜出一角压于环形圈内，最后用橡皮膏将带尾固定，也可将带尾剪开两头打结。此法是各种绷带包扎中最基本的方法，多用于手腕、肢体等部位。

（2）蛇形法

先按环形法缠绕数圈，再按绷带的宽度作间隔斜形上缠或下缠。

（3）螺旋形法

先按环形法缠绕数圈，再上缠每圈盖住前圈之 1/3 或 2/3，呈螺旋形。

（4）螺旋反折法

先按环形法缠绕数圈，再按螺旋形法缠绕，等缠到渐粗处，将每圈绷带反折，盖住前圈的 1/3 或 2/3，依次由上而下地缠绕。

（5）8 字形法

在关节弯曲的上方、下方，先将绷带由下而上缠绕，再由上而下成 8 字形来回缠绕。

2. 常用的止血法

（1）一般止血法

该法针对小的创口出血。需用生理盐水冲洗消毒患部，然后覆盖多层消毒纱布用绷带扎紧包扎。

（2）填塞止血法

将消毒的纱布、棉垫、急救包填塞、压迫在创口内，外用绷带、三角巾包扎，松紧度以达到止血为宜。

（3）绞紧止血法

把三角巾折成带形，打一个活结，取一根小棒穿在带子外侧绞紧，将绞紧后的小棒插在活结小圈内固定。

（4）加垫屈肢止血法

加垫屈肢止血法是适用于四肢非骨折性创伤的动脉出血的临时止血措施。当前臂或小腿出血时，可在肘窝或腘窝内放纱布、棉花、毛巾作垫，屈曲关节，用绷带将肢体紧紧地缚于屈曲的位置。

（5）指压止血法

指压止血法是动脉出血最迅速的一种临时止血法，是用手指或手掌在伤部上端用力将动脉压瘪于骨骼上，阻断血液通过，以便立即止住出血，但仅限于身体较表浅的部位、易于压迫的动脉。指压止血法的具体方法有如下几种。

1）肱动脉压迫止血法。此法适用于手、前臂和上臂下部的出血。止血方法是用拇指或其余四指在上臂内侧动脉搏动处，将动脉压向肱骨，达到止血的目的。

2）股动脉压迫止血法。此法适用于下肢出血。止血方法是在腹股沟（大腿根部）中点偏内，动脉跳动处，用两手拇指重叠压迫股动脉于股骨上，制止出血。

3）头部压迫止血法。如压迫耳前的颞浅动脉，适用于头顶前部出血。面部出血时，压迫下颌骨角前下凹内的颌动脉。头面部有较大的出血时，压迫颈部气管两侧的颈动脉，但不能同时压迫两侧。

4）手部压迫止血法。如手掌出血时，压迫桡动脉和尺动脉；手指出血时，压迫出血手指的两侧指动脉。

5）足部压迫止血法。如足部出血时，压迫胫前动脉和胫后动脉。

（6）止血带止血法

止血带止血法主要是用橡皮管或胶管止血带将血管压瘪而达到止血的目的。其操作口诀为：左手拿橡皮带、后头约 16 cm 要留下；右手拉紧环体扎，前头交左手，中食两指挟，顺着肢体往下拉，前头环中插，保证不松垮。如果遇到四肢大出血，需要止血带止血，而现场又无橡胶止血带时，可在现场就地取材，如布止血带、线绳或麻绳等。

操作标准

胸外心脏按压法急救的基本要领如下。

（1）使伤员仰卧在比较坚实的地面或地板上，解开衣服，清除口内异物，然后进行急救。

（2）救护人员蹲跪在伤员腰部一侧，或跨腰跪在其腰部，两手相叠，如图 a 所示。将掌根部放在被救护者胸骨下 1/3 的部位，即把中指尖放在其颈部凹陷的下边缘，手掌的根部就是正确的压点，如图 b 所示。

（3）救护人员两臂肘部伸直，掌根略带冲击地用力垂直下压，压陷深度为 3～5 cm，如图 c 所示。成人每秒钟按压一次，太快和太慢效果都不好。

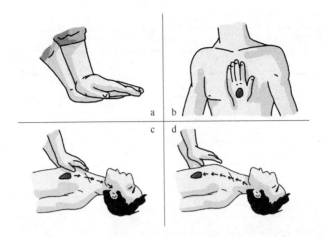

（4）按压后，掌根迅速全部放松，让伤员胸部自动复原。放松时掌根不必完全离开胸部，如图 d 所示。按以上步骤连续不断地进行操作，每秒钟一次。按压时定位必须准确，压力要适当，不可用力过大、过猛，以免挤压出胃中的食物，堵塞气管，影响呼吸，或造成肋骨折断、气血胸和内脏损伤等。也不能用力过小，起不到按压的作用。

学习心得

_____

_____

_____

_____

_____